城市区域集中供冷的
前海实践与探索

Urban District Cooling: Exploratory Practices from Qianhai

傅建平 主编

图书在版编目（CIP）数据

城市区域集中供冷的前海实践与探索 / 傅建平主编． -- 广州：华南理工大学出版社，2024.11． -- ISBN 978-7-5623-7833-4

Ⅰ．TU831.3

中国国家版本馆 CIP 数据核字第 2024103US4 号

城市区域集中供冷的前海实践与探索
傅建平　主编

出 版 人：房俊东
出版发行：华南理工大学出版社
　　　　　（广州五山华南理工大学 17 号楼，邮编 510640）
　　　　　http://hg.cb.scut.edu.cn　E-mail: scutc13@scut.edu.cn
　　　　　营销部电话：020-87113487　87111048（传真）
责任编辑：周　芹
责任校对：王洪霞
印 刷 者：广州一龙印刷有限公司
开　　本：787mm×1092mm　1/16　印张：18.25　字数：289 千
版　　次：2024 年 11 月第 1 版　印次：2024 年 11 月第 1 次印刷
定　　价：98.00 元

版权所有　盗版必究　　印装差错　负责调换

《城市区域集中供冷的前海实践与探索》
编委会

主　编：傅建平

副主编：李红梅　　宁　延　　徐立华
　　　　罗　晟　　王朝晖

编　委：胡　毅　　赵海红　　胡　勋
　　　　王俊辉　　沈光术　　李　邺
　　　　王昭强　　李志健　　杨　柯
　　　　田常均　　王克燊　　刘崇荣
　　　　马建波　　陆春富　　余育新
　　　　胡瀚波　　翟武娟　　贺晓霞
　　　　苏开昕

序 言

2003年4月和2004年8月，具有标志性意义的北京中关村西区、广州大学城两个城市区域集中供冷项目相继建成并投入运行。20年来中国区域供冷发展取得了长足的进步，特别是国家提出"双碳"目标后发展尤为迅速。据中国建筑节能协会区域能源专业委员会"区域能源大数据暨应用云平台"统计，截至2024年10月，全国区域能源项目有580多个，供能建筑面积1.76亿平方米，供冷能力225万冷吨。

从某种意义上说，区域集中供冷利用其规模效应实现了空调冷冻水的工业化生产，给更多先进技术和高性能设备提供了更大的应用场景，促进了空调系统技术的迭代和创新。相比传统中央空调的自给自足，区域集中供冷为更多用户提供空调冷源社会化专业服务，具有公共服务的属性，商业模式的变革进而促进了相应管理模式的创新。可以说，区域集中供冷是空调供冷领域的新质生产力。

城市区域集中供冷在规划、建设和运营全过程中都需要政府的引导和参与。前海管理局为深圳市政府直属派出机构，是履行相应行政管理和公共服务职责的法定机构。前海管理局将《前海深港现代服务业合作区综合规划》提出的"节能、低碳、绿色、生态"开发建设理念落到实处，组织开展"前海合作区区域集中供冷规划布局和系统可行性"专项研究，并将区域集中供冷纳入前海合作区市政基础设施规划。在落实规划中，前海管理局将"使用区域集中供冷"列入土地出让条件，把供冷站站房和市政供冷管网作为市政公用基础设施，为前海区域集中供冷的实施创造坚实有利的条件。

区域集中供冷初投资大，回收期长，系统技术复杂，建设运营管理挑战性大。前海区域集中供冷按"投资—建设—运营"一体化模式实施，一直坚持"以终为始，以行为知"，注重在设计、建造阶段落实运营的需求。前海区域集中供冷协同前海开发建设进程分期分批建设，一段时期内同时存在项目投、建、运各个阶段，包括投资评估、可研、设计、采购、施工、运行等。运用投、建、运一体化模式的优势，通过运行阶段数据的积累、分析和总结，前海区域集中供冷特别注重将分析结果、经验教训、技术创新等反馈到后期工程的前序阶段，以运行指导设计、建造，形成技术和管理的迭代闭环体系。

作为新一代空调冷源解决方案，区域集中供冷必定会影响和改变空调供冷行业的生态链和价值链。区域集中供冷在中国发展的同时也伴随着争议。一方面，20年的快速发展说明区域集中供冷的经济和社会价值正在不断得到市场的认同；另一方面，对标国际先进水平，我国区域供冷还有较大差距，行业短板即面临的共性基础问题，是缺乏以实践为支撑的相关系统技术应用基础理论的研究和商业模式的管理创新。回应争议、消除差距需要我们行业同仁"守正笃实、久久为功"的努力。

前海区域集中供冷的发展得到了许多国内外专家、同仁的支持和帮助，也受到社会的广泛关注。在前海区域集中供冷实施10周年之际，我们把在区域集中供冷投资、建设和运营实践过程中的经验积累、技术迭代和管理创新集结成册，作为今后持续提升项目建设运营能力和服务水平的指引，更大发挥区域集中供冷优势，以期更好服务前海产业发展，服务前海开发开放。当然，倘若能作为区域集中供冷的决策者、实施者和研究者分析借鉴的案例，则幸甚。

2024年11月

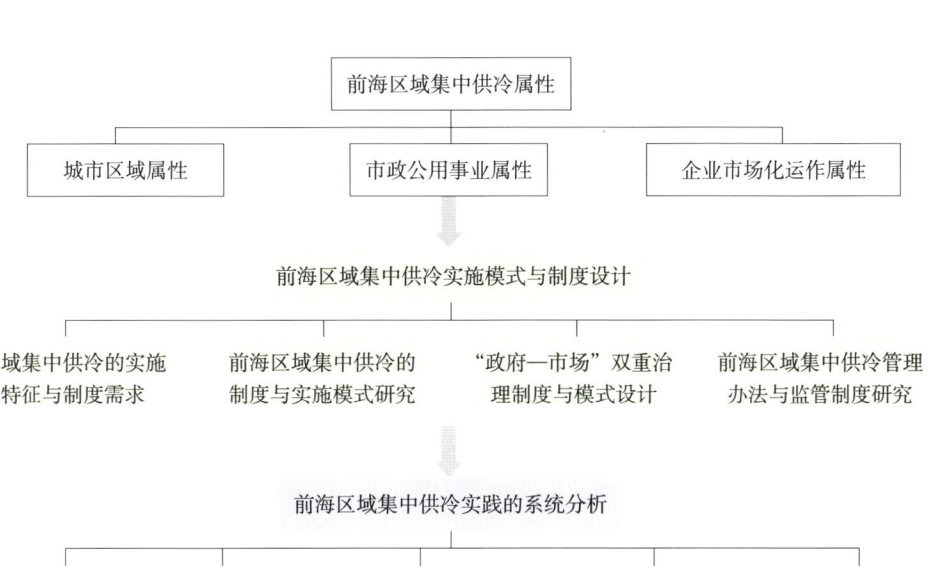

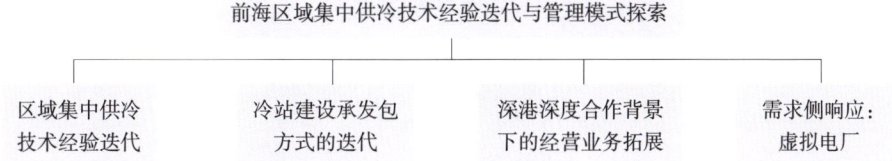

全书框架导图

目 录
CONTENTS

第 1 章　前海区域集中供冷的发展背景　　1

1.1　前海合作区发展背景　　2
1.2　前海合作区管理与实施主体　　8
1.3　前海总体规划与区域集中供冷发展概况　　11

第 2 章　城市区域集中供冷属性分析　　23

2.1　城市区域集中供冷属性分析概述　　24
2.2　市政公用事业属性　　26
2.3　城市区域属性　　33
2.4　企业市场化运作属性　　36

第 3 章　前海区域集中供冷实施模式与制度设计　　43

3.1　区域集中供冷的实施特征与制度需求　　44
3.2　前海区域集中供冷的制度与实施模式研究　　48
3.3　"政府—市场"双重治理制度与模式设计　　55
3.4　前海区域集中供冷管理办法与监管制度研究　　59

第 4 章　前海区域集中供冷实践的系统分析　　65

4.1　"投—建—运"一体化　　66
4.2　前海区域集中供冷的总体目标　　68

4.3	前海区域集中供冷的技术系统与技术标准	71
4.4	前海区域集中供冷的工作活动分解与管理制度体系	73
4.5	前海区域集中供冷的参与主体	76

第 5 章　前海区域集中供冷的客户服务　　79

5.1	城市区域集中供冷客户服务的特征与挑战	80
5.2	全过程客户服务旅程	82
5.3	客户市场开拓	91
5.4	运行阶段的客户服务管理	95
5.5	客户服务创新实例	100

第 6 章　前海区域集中供冷的投资管理　　105

6.1	城市区域集中供冷投资管理的特征与挑战	106
6.2	前海区域集中供冷的多元投资模式	107
6.3	前海区域集中供冷的定价	113
6.4	分期投资规模决策	120
6.5	经济性与社会效益兼顾的社会经济评价	126
6.6	投资管理创新实例	130

第 7 章　前海区域集中供冷的技术管理　　137

7.1	城市区域集中供冷技术管理的特征与挑战	138
7.2	因地制宜的区域集中供冷技术组合	139
7.3	前海区域集中供冷的全生命周期设计	147
7.4	基于建设运营实践的技术创新	159
7.5	技术创新与管理实例	164

第 8 章　前海区域集中供冷的建造管理　　167

8.1　城市区域集中供冷建造管理的特征与挑战　　168

8.2　前海区域集中供冷建造管理的总体策划　　170

8.3　建造全过程管控　　179

8.4　系统调试与移交　　195

8.5　建造管理的创新实例　　198

第 9 章　前海区域集中供冷的运维管理　　211

9.1　城市区域集中供冷运维管理的特征与挑战　　212

9.2　集群化冷站的生产组织调度与管理　　215

9.3　集群化冷站运行能效分析与优化　　226

9.4　安全生产与应急管理　　231

9.5　设备管理与维护　　240

9.6　运维管理的创新实例　　247

第 10 章　前海区域集中供冷技术经验迭代与管理模式探索　　253

10.1　区域集中供冷技术经验迭代　　254

10.2　冷站建设承发包方式的迭代　　256

10.3　深港深度合作背景下的经营业务拓展　　261

10.4　需求侧响应：虚拟电厂　　265

附　录　前海能源公司发展大事记　　268

后　记　　275

PART 1
第 1 章

前海区域集中供冷的发展背景

1.1 前海合作区发展背景

前海深港现代服务业合作区（以下简称"前海合作区"）地处珠江口东岸，深圳市蛇口半岛西部，毗邻香港，是粤港澳大湾区的重要组成部分，在区域功能结构布局中具有战略地位。前海合作区以人本、创新、生态理念为指引，以金融、现代物流、信息服务、科技服务以及其他服务为发展方向，开创产城融合新模式，致力发展成为滨水个性之城、紧凑集约之城、产业活力之城与低碳生态之城。图1-1为前海合作区发展的关键节点时间轴。

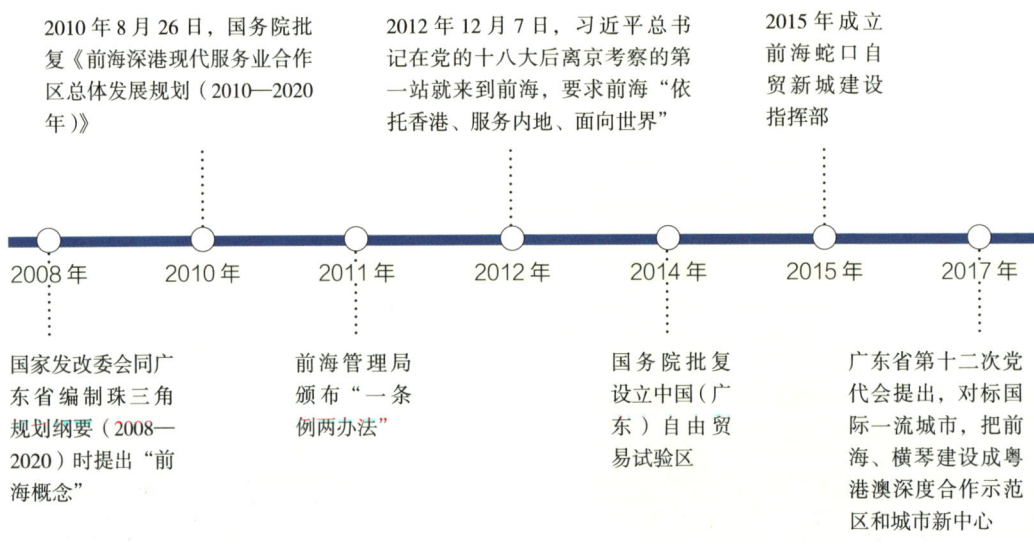

图1-1 前海合作区发展的关键节点

①国务院批复同意前海总体发展规划。2010年8月26日在深圳经济特区建立30周年之日，国务院正式批复《前海深港现代服务业合作区总体发展规划（2010—2020年）》（以下简称《规划》），并要求认真组织实施。国务院在给广东省政府和国家发展改革委的批复中指出，《规划》实施要高举中国特色社会主义伟大旗帜，深入贯彻落实科学发展观。在"一国两制"框架下，进一步深化粤港紧密合作，以现代服务业发展促进产业结构优化升级，为我国构建对外开放新格局，为全国转变经济发展方式，实现科学发展发挥示范带动作用。

根据《规划》，前海构建"三区两带"格局，提倡单元开发用地规模为30万～50万 m^2，并划定22个开发单元（图1-2）。每个开发单元均要求配套办公、商业、公寓等多种业态。"三区"分别指桂湾片区、前湾片区和妈湾片区。其中，桂湾片区重点发展金融、贸易、会计、信息等生产性服务业；前湾片区重点发展科技及信息服务等生产性服务业；妈湾片区重点发展现代物流、航运服务、供应链管理、创新金融等专业服务业。"两带"分别指滨海休闲带

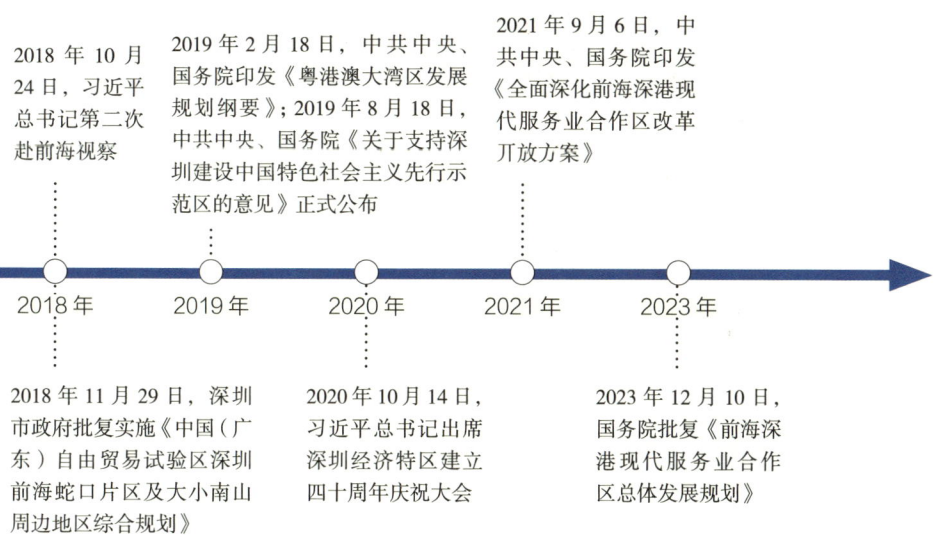

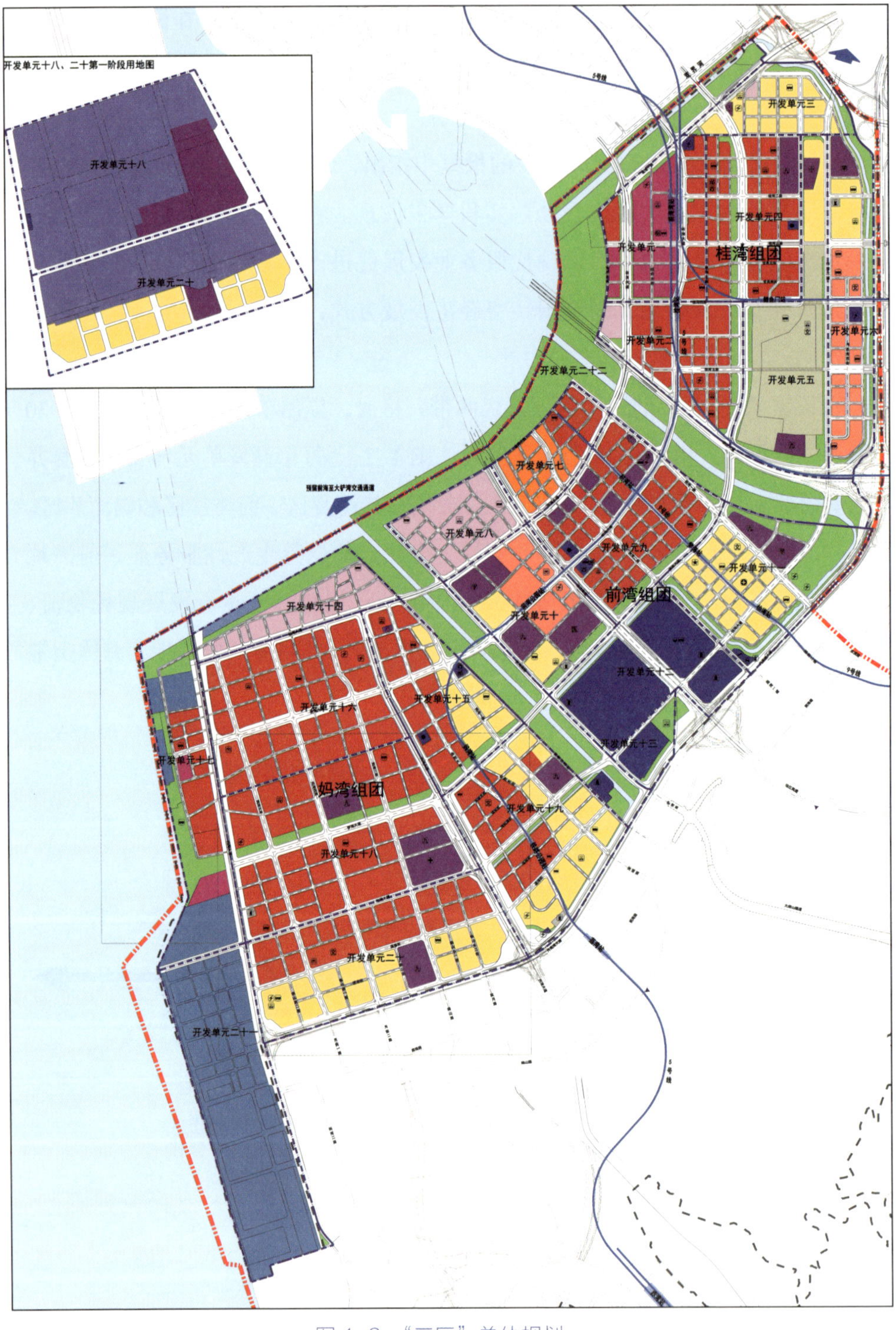
开发单元十八、二十第一阶段用地图
开发单元十八
开发单元二十
开发单元三
开发单元四
开发单元一
桂湾组团
开发单元二
开发单元六
开发单元五
开发单元二十二
开发单元七
开发单元八
开发单元九
开发单元十一
前湾组团
开发单元十四
开发单元十
开发单元十二
开发单元十五
开发单元十六
开发单元十三
开发单元十七
妈湾组团
开发单元十九
开发单元十八
开发单元二十
开发单元二十一

图 1-2 “三区”总体规划

和综合功能发展带。

②前海管理局成立,"一条例两办法"颁布①。深圳市前海深港现代服务业合作区管理局(深圳市前海综合保税区管理局)(以下简称"前海管理局")成立于2010年2月,为深圳市政府直属派出机构。按照国务院批复前海总体发展规划及深圳市出台的有关法规规定,其是实行企业化管理但不以营利为目的履行相应行政管理和公共服务职责的法定机构,依法在前海履行法律法规赋予的各项职责。2015年,前海管理局加挂中国(广东)自由贸易试验区深圳前海蛇口片区管理委员会牌子。2018年中共深圳市委批复成立中共深圳市前海深港现代服务业合作区工作委员会,作为中共深圳市委的派出机构,明确与前海管理局一体化运作。

③2012年2月,深圳市政府五届四十八次常务会议审议并原则通过《前海深港现代服务业合作区综合规划》,大力推进前海深港现代服务业合作区建设,积极发展金融、现代物流、信息服务、科技服务和其他专业服务。规划范围以国务院批复的前海深港现代服务业合作区用地范围为准,即由月亮湾大道、双界河、妈湾大道和海滨岸线所围合的区域,总用地面积1492 ha。

④国务院批复设立中国(广东)自由贸易试验区。中国(广东)自由贸易试验区于2014年12月经国务院正式批准设立,实施范围116.2 km^2,涵盖三个片区,即广州南沙新区片区60 km^2(含广州南沙保税港区7.06 km^2),深圳前海蛇口片区28.2 km^2(含深圳前海湾保税港区3.71 km^2),珠海横琴新区片区28 km^2。

⑤2019年2月18日,中共中央、国务院印发了《粤港澳大湾区发展规划纲要》。粤港澳大湾区包括香港特别行政区、澳门特别行政区和广东省广州市、深圳市、珠海市、佛山市、惠州市、东莞市、中山市、江门市、肇庆市,总面积约5.6万 km^2,是我国开放程度最高、经济活力最强的区域之一,在国家发展大局中具有重要战略地位。2019年8月9日,中共中央、国务院提出

---

①前海成立之初制定了《深圳经济特区前海深港现代服务业合作区条例》,出台了《深圳市前海深港现代服务业合作区管理局暂行办法》和《深圳前海湾保税港区管理暂行办法》,"一条例两办法"为前海开发建设提供了强有力的制度保障。

《关于支持深圳建设中国特色社会主义先行示范区的意见》。

⑥中共中央、国务院印发的《全面深化前海深港现代服务业合作区改革开放方案》(以下简称《前海方案》)于2021年9月6日发布,前海合作区将打造粤港澳大湾区全面深化改革创新试验平台,建设高水平对外开放门户枢纽。《前海方案》明确了进一步扩展前海合作区发展空间,前海合作区总面积由14.92 km^{2}扩展至120.56 km^2。《前海方案》计划到2035年时,前海合作区的高水平对外开放体制机制将更加完善,营商环境达到世界一流水平,建立健全与港澳产业协同联动、市场互联互通、创新驱动支撑的发展模式,建成全球资源配置能力强、创新策源能力强、协同发展带动能力强的高质量发展引擎,改革创新经验得到广泛推广。

⑦2023年12月10日国务院批复了《前海深港现代服务业合作区总体发展规划》,并指出该规划在"一国两制"框架下先行先试,聚焦现代服务业这一香港优势领域,加快推进与港澳规则衔接、机制对接,进一步丰富协同协调发展模式,探索完善管理体制机制,打造粤港澳大湾区全面深化改革创新试验平台,建设高水平对外开放门户枢纽,在深化深港合作、支持香港经济社会发展、高水平参与国际合作方面发挥更大作用。

此次批复的《前海深港现代服务业合作区总体发展规划》为"2.0 版"，将前海的战略定位更新为"一平台一枢纽一区一高地"（即全面深化改革创新试验平台、高水平对外开放门户枢纽、深港深度融合发展引领区、现代服务业高质量发展高地），还提出到 2025 年、2030 年、2035 年的"三步走"路线图，以及深港合作、改革开放、现代服务业发展三方面共 14 项主要指标目标。

推进前海开发开放，是习近平总书记亲自谋划、亲自部署、亲自推动的国家改革开放重大举措。前海被称为"特区中的特区"。2012 年 12 月 7 日，习近平总书记在党的十八大后离京视察的第一站就来到前海，向世界宣示了改革不停顿、开放不止步的坚定信念，要求把前海打造成为"最浓缩最精华的核心引擎"，要求前海"依托香港、服务内地、面向世界，画出最美最好的图画，实现一年一个样的变化"。2018 年 10 月 24 日，习近平总书记再次视察前海并发表重要讲话，高度肯定了"前海模式"，为前海的新起点赋予了新的使命。2020 年 10 月 14 日，深圳经济特区建立 40 周年庆祝大会于前海国际会议中心隆重举行，习近平总书记第三次亲临前海，并在大会中强调，"要深化前海深港现代服务业合作区改革开放"。图 1-3 为前海合作区三湾片区。

图 1-3　前海合作区三湾片区

1.2 前海合作区管理与实施主体

前海管理局依据前海深圳市人大常委会颁布的《深圳经济特区前海深港现代服务业合作区条例》与《深圳经济特区前海蛇口自由贸易试验片区条例》及深圳市政府出台的有关规章实行运作，依法履行前海深港合作区与前海蛇口自贸片区的开发建设、运营管理、产业发展、法治建设、社会建设促进等相关行政管理和公共服务职责，承担省政府、市政府下放的行政管理事项。前海管理局在非金融类产业项目的审批管理领域，根据国家授权行使计划单列市的管理权限，可以根据前海发展情况和实际需要，按照确定的限额或者标准，自主决定机构设置、人员聘用和内部薪酬制度。

前海管理局现内（下）设19个机构，4家全资控股公司。图1-4为前海管理局组织架构。

《前海深港现代服务业合作区总体发展规划》赋予前海管理机构相当于计划单列市的管理权限，强调前海合作区的总体建设思路、合作区建设路径以及管理创新模式，

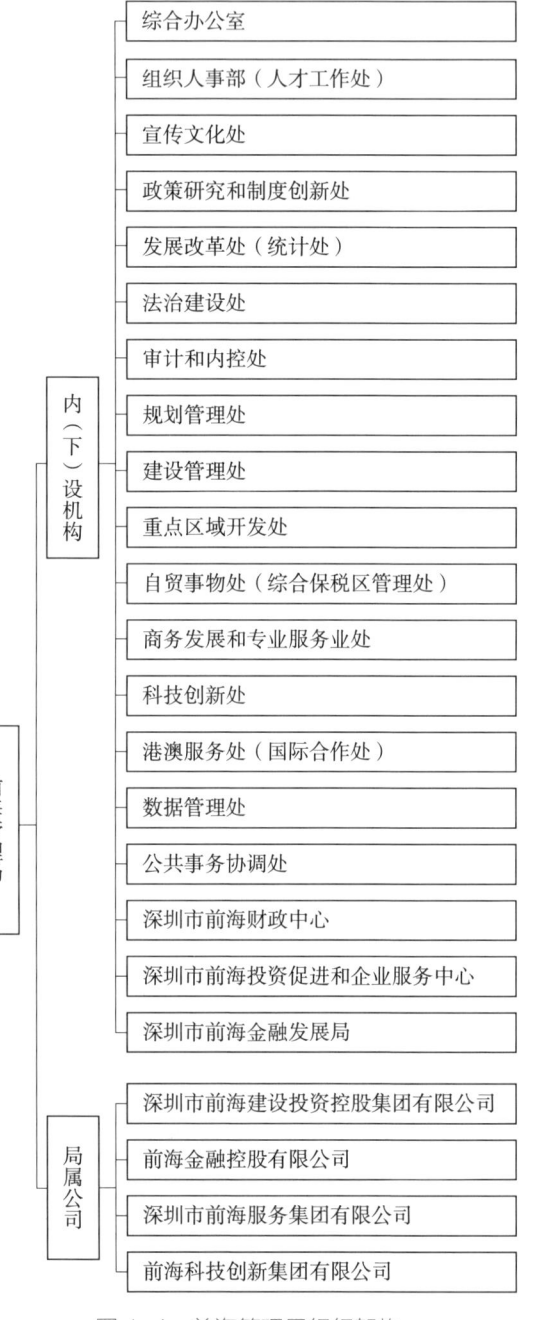

图 1-4 前海管理局组织架构

鼓励建立高效的管理机制。根据《深圳经济特区前海深港现代服务业合作区条例》《深圳市前海深港现代服务业合作区管理局暂行办法》等，前海管理局是由专门的法律法规授权建立的独立自主运作机构，其权限、职能以及运作的规范在法律文本上均有明确规定。

在职能与机构设置方面，前海依法建立了"决策——前海开发建设领导小组、执行——前海管理局、监督——前海廉政监督局"的治理结构。作为法定机构，前海管理局按照"企业化管理、市场化运作"原则，建立了一整套运作机制，集开发建设、运营管理和公共服务等职能于一体。除了内设机构之外，前海管理局下设4家全资控股公司进行统一管理，分别是深圳市前海建设投资控股集团有限公司、前海金融控股有限公司、深圳市前海服务集团有限公司和前海科技创新集团有限公司。其中，建投集团（深圳市前海建设投资控股集团有限公司）功能定位是公益保障类企业，以服务前海开发建设和产业发展为使命，围绕土地一级开发和基础设施建设运营、产业空间及重大项目投资建设与运营、综合能源服务等，打造主业突出、运作高效、管理规范、品牌优质的城市综合开发运营商和产业载体发展商。金控公司（前海金融控股有限公司）功能定位是公益功能类企业，以深化前海深港金融合作、服务前海金融改革创新和金融业集聚发展为主线，以金融、类金融和新兴产业为主要投资方向，推进国有资本运营公司改革试点，提升国有资本运营效率、提高国有资本回报，通过股权运作、基金投资、培育孵化、价值管理、有序进退等方式，构建前海深港金融合作、产业集聚发展、金融创新服务等功能平台，打造粤港澳大湾区一流的国有资本运营公司。服务集团（深圳市前海服务集团有限公司）功能定位是公益保障类企业，以全面提升前海城市综合服务水平为使命，主要履行前海城市服务、运营管理等职能，打造"国际水准，国内领先"的城市综合运营服务保障商。科创集团（前海科技创新集团有限公司）功能定位是公益功能类企业，聚焦"深港协同、科技创新、产业培育"三项使命，发挥资本引领带动功能，构建"以产业投资为中心，以重大项目、产业基金、深港合作、产业赋能为支点"的"一中心四支点"业务体系，打造科创产业综合投资赋能平台。

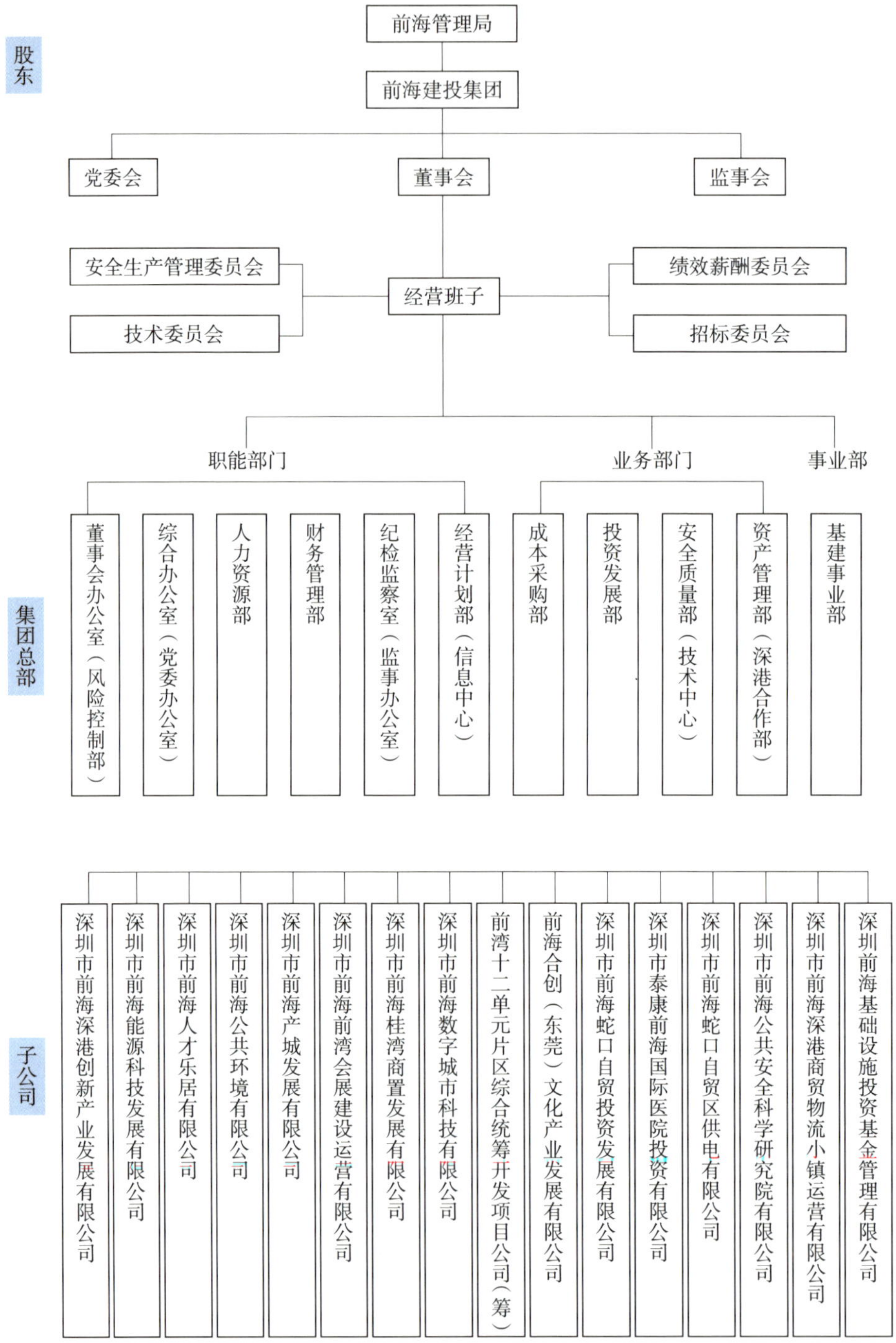

图 1-5 前海建设投资控股集团有限公司组织架构

深圳市前海开发投资控股有限公司于 2011 年 12 月 28 日成立，依据"一条例两办法"负责前海合作区内土地一级开发、基础设施建设和重大项目投资等，是前海开发建设主体单位和规划落地执行单位。2021 年 3 月 24 日，公司更名为深圳市前海建设投资控股集团有限公司（以下简称"前海建投集团"），正式开启集团化战略发展新征程。前海建投集团主业范围包括基础设施建设运营（含保障性住房）、产业空间投资建设与运营、综合能源服务等。图 1-5 为前海建设投资控股集团有限公司组织架构。

其中，深圳市前海能源科技发展有限公司（以下简称"前海能源公司"）成立于 2014 年 12 月，主要负责区域能源、节能环保设施的投资、建设和运营。现阶段主业范围是提供集中供冷设施的投资、建设与运营以及绿色低碳等综合能源解决方案。

1.3 前海总体规划与区域集中供冷发展概况

1.3.1 前海总体规划的要求

深圳市《关于加快推进前海深港现代服务业合作区开发开放的工作意见》明确前海引入低碳理念，建设低碳生态城区，实现经济、社会和环境协调发展的指导思想，部署加强电源保障、加快供气网络建设、为前海提供高品质清洁能源的工作任务。

《前海深港现代服务业合作区总体发展规划（2010—2020 年）》中明确要求"大力发展绿色交通、绿色建筑，积极推动可再生能源、节水和水循环利用等项目建设，将前海建设为以低能耗、低污染、低排放为标志的节能环保型城区"。

深圳市建设国家低碳生态示范市联系会议办公室于 2011 年 9 月发布了《深圳创建国家低碳生态示范市白皮书》，指出将前海深港现代服务业合作区打造成为低碳生态城区，继续推进前海低碳生态指标体系研究，推广应用清洁能源供应、垃圾回收利用等多种生态先进技术，探索和创新高密度开发地区的低碳生态建设模式。

根据《前海深港现代服务业合作区总体发展规划》（2.0 版），前海将引入更多低碳技术，采用更高绿色标准，把前海合作区打造成为绿色、低碳、现代化和国际化最为突出的城区。前海拟采用先进城市建设理念，汇集多种先进技术，建设低碳生态示范区；实现单位建筑面积平均能耗控制在每年 150（kW·h）/m² 以内；二氧化碳排放量在当前技术措施基础上降低 30% 以上。

《前海深港现代服务业合作区综合规划》中明确提出"低碳生态、节能环保"的可持续发展理念，旨在提高前海开发建设品质，提升城市能效，优化营商环境。其中，区域供冷专项规划由深圳市前海能源科技发展有限公司负责实施。

前海建投集团主要负责人提到，"前海从一片滩涂起步，在土地出让之初便将区域供冷规划与土地出让开发计划有机结合，做到同步规划、同步建设、同步推进"。有了基本的指导理念，理念落地的路径有很多，如建筑的绿色星级全覆盖、提高城市绿地覆盖率、推进城市生态廊道建设等。而在能源领域应该从哪个方向入手，这是全新的挑战。为了更好地推进项目实施，找到一条适合前海发展的绿色路径，前海管理局对合作区的能源需求特点进行了一次全面调研分析。

在调研中发现，前海合作区产业主要集中在金融、科技、信息和现代物流等现代服务业，能源消耗主要来自建筑和交通两大领域。特别是在建筑领域，办公用地与商业、酒店用地占比大，且上述业态建筑的能源消耗中有近一半来自空调使用。因此，前海管理局将降低能源消耗的方向进行聚焦，研究为这两类用地提供降低空调能耗的方案。

确定好降低能源消耗的方向，便亟须使"低碳生态、节能环保"理念落地的实施方案。在调研结束后，前海管理局邀请专业咨询公司进行专项研究，并形成了系列研究成果。2014 年，区域供冷项目在前海正式进入实施阶段。根据《前海深港现代服务业合作区总体发展规划（2010—2020 年）》，基于前海 22 个开发单元的建筑功能、面积及冷负荷特性，结合各地块和市政道路的建设时序，提出要在前海的 13 个开发单元内建设 10 个供冷站、约 90 km 市政供冷管网。其中桂湾片区设立 4 个供冷站、前湾片区设立 2 个供冷站、妈湾片区设立 4 个供冷站；总投资约 40 亿元，总规模约 40 万 RT，总供冷面积约 1700 万 m²。

1.3.2 前海实施区域集中供冷的技术与可行性分析

1.3.2.1 区域集中供冷技术简介

区域集中供冷系统（District Cooling System）指在一个建筑群中设置集中的供冷站制备空调冷水，再通过输送管道向各建筑物供给冷量的系统。行业内学者研究、政策制定以及项目应用中也称区域供冷、集中供冷。它可由一个或多个供冷站联合组成。从系统构成看，区域供冷通过供冷站设备将冷源转换为符合要求的冷介质，再输送到空调建筑机房内，换热给建筑物内循环空调冷冻水，保证末端空调使用。

区域供冷系统通常包括三个基本组成部分：供冷站、输配管网、用户端换热间。供冷站安装有制冷设备、蓄冷设备、散热设备、各种冷媒介质输送管道和设备以及监控装置。供冷站集中生产冷冻水，通过管网与用户连接。输配管网是由冷源向用户输送和分配冷介质的管道系统。用户端换热间是指管网在进入用户建筑物后进行冷量转换的场所，换热间安装有板式换热器、冷量计量装置等。图1-6为区域集中供冷技术示意图。

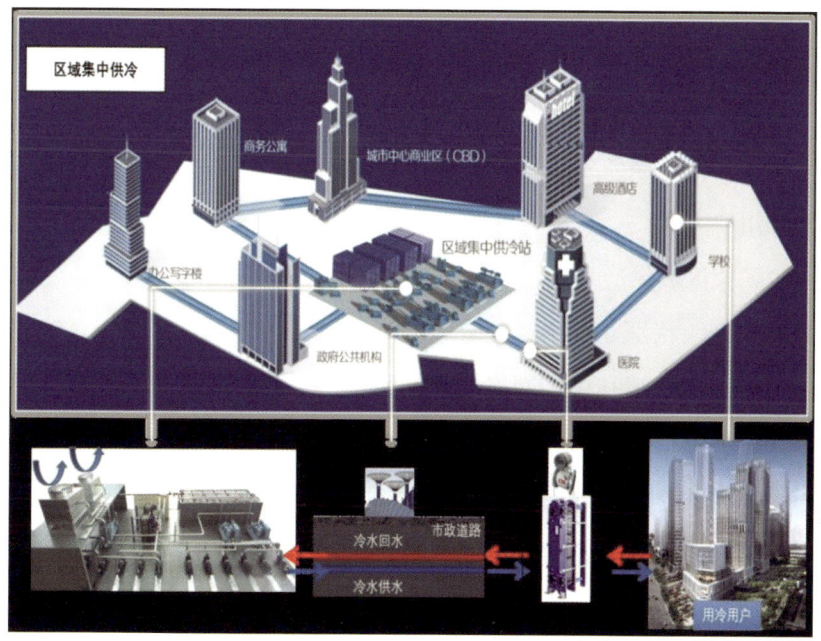

图 1-6　区域供冷技术示意图

（1）区域供冷技术的发展

①第一代区域供冷系统（1st Generation District Cooling，1GDC），起源于19世纪末的美国，主要形式为管道制冷系统，采用加压氨或盐水溶液作为传输流体，为冷库等提供集中制冷服务。1889年在丹佛市实施的第一套氨制冷系统，标志着第一代区域供冷系统的开始。这些系统最初用于提高冷库的能效和便利性，为后来的区域供冷技术的发展奠定了基础。

②第二代区域供冷系统（2nd Generation District Cooling，2GDC），在20世纪60~70年代得到广泛应用，主要基于大型压缩式制冷机和冷水作为传输流体。这一代的转变标志着从食品工业制冷向舒适制冷服务的转变。1971年在日本东京新宿区建立的第一个大型区域供冷系统，为多座摩天大楼提供总计210MW的制冷能力，并结合了区域供暖和制冷系统。第四代制冷系统通过规模经济效应，使用少数大型制冷机替代众多小型制冷机，简化了系统并提高了效率。

③第三代区域供冷系统（3rd Generation District Cooling，3GDC），在20世纪90年代兴起，其特点是冷源供应的多样化。这些系统引入了吸收式制冷机、带有或不带余热回收的压缩式制冷机、湖泊自然冷却等多种冷源。此外，还采用了热泵余热回收和短期冷量储存等技术，以平衡不同时段的冷负荷并优化制冷效率。这些系统的多样性和灵活性使得它们能够更好地适应不同的气候条件和用户需求。

④第四代区域供冷系统（4th Generation District Cooling，4GDC），在21世纪初开始出现，特别是在全球脱碳趋势日益重要的背景下，这些系统更加注重与电力、区域供暖和燃气网络的互动，从而形成智能能源系统。它们同时利用热泵的两端或结合独立的热泵和制冷机并行工作，实现冷热联供的协同效应。斯坦福大学校园区的系统自2015年起集成了制冷、供暖和电力系统，而丹麦的Høje Taastrup系统则通过大型热泵将现有的区域供热系统与新建的区域供冷网络相结合。这些系统不仅提高了能效，还促进了可再生能源的利用和能源系统的整体优化。

（2）区域供冷技术的优点

①减少建设的初期投资。根据分析，与各单体建筑单独设立中央空调系统相比，采用区域供冷系统可减少制冷机组总装机容量的20%～30%。由于制冷机组总装机容量的减少，变配电系统的初投资、制冷机房、变配电房的面积也相应减少。虽然综合冷水管网投资、管网冷损失、部分水泵的投资会有所增加，但整个空调系统的初投资仍会减少。此外，采用区域供冷系统还能够减少区域内电力设施建设的投入。

②提高能源利用率。由于主要设备（如制冷机组、水泵、变压器）数量的减少，可集中选用大型高效的设备，采用先进的节能控制技术及调节方法，改善不同建筑单体采用中小型空调设备效率低、质量参差不齐的情况。根据日本三十多年区域供冷运营的实践总结，区域供冷系统比各建筑单独设置中央空调可节约12%[①]的能源。根据《公共建筑节能设计规范》对冷水机组能效比的强制性规定，中小型水冷式冷水机组的能效比为4.1～4.5；而区域供冷系统冷水机组的能效比普遍在5.5以上。空调系统的能源浪费，很大一部分原因是管理水平低、自动控制设备差以及人员专业能力不足造成的。因此，区域供冷系统可以设立一个精干专业的管理队伍。区域供冷系统还可与周边的可再生能源、余热资源等结合起来，实现能源梯级利用，进而提高能源利用效率。

③美化城市环境。空调系统需要在室外设置配套的散热设备，如分体机的室外机、中央空调系统的冷却塔等。这些安装于室外的空调设备会产生噪声、飘水、局部热岛效应等，同时也会有安全隐患，并影响建筑美观。区域供冷系统可以减少甚至基本取消空调的室外散热设备，减少对建筑外观及城市环境的影响，助力提升城市建设品质。

④提高空调系统对电力和空调负荷的管理效率。区域供冷系统采取的冰蓄冷技术主要在夜间用电低谷期用电制冰蓄冷，白天再输出冷量，对电力负荷起到削峰填谷的作用，有利于为电网减负，同时为电力系统带来节能减碳效应。

---

① 前海管理局. 前海合作区区域集中供冷系统规划布局方案可行性研究报告[Z]. 奥雅纳工程咨询（上海）有限公司深圳分公司, 2014.

⑤提高土地利用效率。常规楼宇自建空调供冷，都需要设置大面积的制冷机房，并在裙楼处建设冷却塔。而区域供冷将制冷机房、冷却塔集中附建在公交场站等公共空间的地下、楼顶，可实现土地的集约利用。

⑥减少日常维护费用。设备效率的提高、数量的减少，以及管理人员数量的减少为减少日常经营费用打下了基础。区域供冷系统将大幅度减少日常管理和维修费用。

⑦提高系统的安全性和可靠性。由于设备质量和管理水平的提高、控制调节技术的现代化，将提高整个系统的安全性。由于设备较为集中，可充分提高制冷设备在容量、数量上的安全性以及系统内设备之间的备用性。

⑧提升区域营商环境。采用区域供冷系统的用户能够获得 24 小时专业的空调冷源服务，工作人员可以从空调机房的运行管理、设备检修维护等繁琐的工作中解脱出来，专注于自身的主营业务。

1.3.2.2　区域供冷技术的典型案例

在国外，区域供冷技术已基本发展成熟，拥有一定的实际项目经验。比如，阿联酋阿布扎比的萨迪亚特文化区和萨迪亚特海滩，新加坡滨海湾金融中心。在国内，近年来，我国部分经济发达地区也落地了一些区域供冷项目。比如，香港启德发展区、广州亚运城、广州珠江新城等项目①。

（1）阿联酋阿布扎比萨迪亚特文化区和萨迪亚特海滩

该项目区域供冷系统服务于萨迪亚特文化区和萨迪亚特海滩，覆盖服务区域建筑面积达 160 万 m^2。该系统包括三个供冷站，设计冷负荷分别为 22 500 RT、12 500 RT 和 15 500 RT，总计 50 500 RT。项目主要采用了冰蓄冷空调技术，利用夜间低谷期制冰、储存，并在白天高峰期将存储的冷量释放。同时，采用临时制冷设备以应对项目启动阶段的供冷需求。区域供冷系统满足用户申请的绿色建筑认证（LEED）要求。

该项目区域供冷系统采用合理的收费机制及价格确定方法。在具有投资

---

① 前海管理局. 前海合作区区域集中供冷系统规划布局方案可行性研究报告［Z］. 奥雅纳工程咨询（上海）有限公司深圳分公司，2014.

回报的价格结构基础上，每个客户（开发商之一）与资产公司签署供应协议，其中包括连接费、年冷容量收费、消耗费用、特许经营费用等条款。这种收费机制比较合理、灵活，值得借鉴学习。然而，该区域供冷系统也存在着一些问题，如资产公司根据为期29年的特许合同，负责建设及管理3个制冷站，并拥有独家经营权。因此，冷量收费及价格没有对比性，容易出现价格过高的问题。为解决此问题，可以考虑对当地区域供冷系统的冷量收费机制及价格标准进行调研，进而制定较为合理的冷量收费价格及调价机制。此外，还存在土地销售合同强制将建筑物连接至供冷管网，导致客户必须使用区域供冷，进而丧失其他的选择权利，以及"特许经营费用"收费标准的制定方式不明确等问题。

（2）新加坡滨海湾金融中心

新加坡滨海湾金融中心占地360 ha，建筑面积800万 m^2，区域供冷系统服务于滨海湾内的新金融区，该区的总制冷量大约为900 MW（共有5个制冷站）。系统采用冰蓄冷技术，设计冷负荷分别为157MW和180MW，目前装机容量分别为97MW和120MW，且冷冻水管全部安装在公共管廊内。该项目为制冷站及其网络设计了先进精确的控制系统，运行过程类似电力系统。这套先进的控制系统优化了负荷分配及运行的稳定性，能取得最高的能效和最低的生产成本。

作为一种公共服务设施，冷冻水的供水温度规定为 $6.0°C \pm 0.5°C$。为了能使规定回水温度达到14℃，要求客户在终端采用变流量系统。如果每小时的平均供水温度超过 $6.5°C$，区域供冷运营商应退还用户已支付的每小时收费的两倍赔偿额。同样地，如果客户每月平均回水温度低于14℃，客户则需要支付额外费用。

项目采用专业的自动控制系统，帮助用户提高对设备维护的灵活性与准确性。客户的末端空调安装后，在运动过程中，通过保持一定的供回水温差，提高用户端的系统效率。基于绩效的供应合同，提高用户对自身设备维护的积极性，有助于运营商与用户实现双赢。

（3）香港启德发展区

香港启德发展区总建筑面积约为 400 万 m^2，区域供冷系统将服务除公共和私人住宅以外的商业部分，商业区域空调面积约 200 万 m^2。整个区域供冷系统先期建设 2 个制冷站，南面制冷站与北面制冷站的供冷规模分别为 34 950RT 及 48 300RT。2022 年新建一个制冷站，供冷规模为 43 700RT。冷冻水通过埋地水管网络供应至客户端，制冷站出水温度为 5℃，回水温度为 13℃，供回水设计温差为 8℃。

项目采用海水冷却设施降低制冷机的耗电量，同时也可以减少采用冷却塔对周围环境造成的影响；部分制冷机组采用变频式，以提高在部分负荷工况时的运作效率和能源效益；采用一次泵变流量系统，以减少水泵的耗电量；采用预制保温管道以减少冷冻水管网的热损失，并安装泄漏检测系统和传感器电线于冷冻水管网络，以准确检测每个泄漏点并直接反馈到监控系统。此外，该项目采用区域供冷检测、控制和通信系统以优化整个系统的运作效率，通过智能互动控制系统减少系统设备的磨损和维修工作，从而提高系统的可靠性。

项目采用了"设计—建造—运营"模式，制定了较为灵活的收费机制，收费费用分为基本费用与按供冷量收费费用，其中基本费用按用户申请安装的最大冷冻用量收取。

（4）广州亚运城

广州亚运城位于广州市番禺区广州新城，规划总用地面积约 2.73 km^2，赛时总建筑面积约 148 万 m^2。区域供冷系统共分为 3 个一级能源站、6 个二级能源站、22 个太阳能机房、两个取水头部、两个退水头部，主要供应广州医学院第四附属医院、商业综合楼、体育场馆等的集中用冷和住宅小区用户的生活用水。按照设计，项目共设置热泵主机 10 台，每台 385 RT，总装机容量 18MW，分别以砺江河水和莲花湾水作为冷热源，太阳能集热器约 1.2 万 m^2，在亚运会赛后负责为 11072 户用户供应生活热水，供应冷气的建筑面积合计 13.8 万 m^2。

广州亚运城采用太阳能和水源热泵综合利用系统，充分利用太阳能、江水等可再生能源，赛会期间可为相关人员生活住所、比赛场馆提供热水，并根据"以热定冷"的原则进行冷气的集中供应。赛后可提供居民生活用热水，同样以"以热定冷"为部分场馆提供冷源。项目优先采集利用太阳能，结合浅层地热能，有效地将太阳能用于供冷供热，全天候保障恒温供能（光浅互补技术）；采用四级水处理技术，保证机组的水质良好（水源水处理技术）。其中，三号能源站取水管采用了虹吸取水技术，使江水在重力作用下通过热泵机组换热，再通过提升水泵回到江水里，从而减少水泵的能耗。

该项目由政府投资，施工和前三年保障期的运营管理实行联合体投标模式。三年后政府将系统产权及管理权移交至辖区行政主管部门，并采用合理的收费机制。

（5）广州珠江新城

广州珠江新城核心区位于临江路南侧，区域供冷系统一期设计供应区域占地面积为 1.4 km^2，建筑面积供冷为 100 万 m^2，供冷量为 3 万 RT，设备分期安装。目前安装规模约 10 000 RT，含 3 台 2200 RT 的双工况主机，1 台 2000 RT 的基载制冷机，12 组冷却塔；蓄冰槽容积为 8000 m^3，水深 5 m，采用钢筋混凝土结构，18 组钢盘管。制冷站设计出水温度为 2℃～3℃，回水温度为 12℃，供回水设计温差 9℃～10℃。

该项目得到特批峰谷电价，用电低谷期（0～8 时）电价为 0.3 元/（kW·h），峰时电价为 0.98 元/（kW·h），故项目采用冰蓄冷系统，其蓄冰量为 25%～27%，冰蓄冷系统采用主机上游外融冰系统。

1.3.2.3 前海实施区域供冷的可行性分析

为贯彻落实"低碳生态、节能环保"的可持续发展理念，提高城市能效、提升前海营商环境，前海合作区计划探索区域供冷系统的可行性。为此，前海管理局通过招标的方式确定咨询企业，并对《前海深港合作区区域供冷规划布局和系统可行性研究项目》展开研究。最终，Ove Arup & Partners Hong Kong Ltd 及中咨城建设计有限公司组成的联合体中标，负责开展前海深港合作区区域供冷规划布局和系统可行性研究。具体研究内容包括：①国内外同

（近）类地区区域供冷系统典型案例调研；②区域供冷系统应用的理论研究与分析；③前海合作区采用区域供冷系统的技术可行性与技术适宜性研究；④前海合作区区域供冷系统的规划设计；⑤区域供冷技术标准、设计导则；⑥前海合作区区域供冷系统的建设、运营及管理研究；⑦前海合作区区域供冷定价及调价机制管理办法[①]。

前海合作区区域供冷系统可行性研究步骤。

（1）国内外项目的调研

在项目调研阶段，中标企业主要调研了包括香港启德发展区、广州亚运城、广州珠江新城、萨迪亚特文化区和萨迪亚特海滩、新加坡滨海湾金融中心等在内的一系列项目。通过对上述典型案例的调研，发现区域供冷系统能否充分发挥其技术优势是由多方面因素决定的，主要调研结论如下：

①区域供冷系统的应用较为缺乏，该系统的推广需要得到政府的支持，政府可以采用强制使用或鼓励使用的政策促进区域供冷系统的应用。

②区域供冷系统的建设与土地及道路开发时序联系密切，因为土地及道路的开发时序会影响供冷站位置的选择与容量的确定。

③优化设计区域供冷系统的自动控制系统，是保证区域供冷系统能否高效运行的关键。

④区域供冷系统能否顺利实施，关键在于运营管理。制定专业、合理的运营管理模式，建立专业的运营管理团队才能保证该系统顺利运行。

⑤制定合理的收费与调价机制，充分发挥区域供冷系统的竞争力，是保证区域供冷系统能够顺利实施的关键。

（2）关键的技术与经济可行性指标分析

前海合作区适合进行区域供冷的条件主要包括：

①前海合作区位于夏热冬暖地区，平均气温高，适宜进行区域集中供冷。

②建筑容积率高，且多为公共建筑，供冷负荷密度高。因此，采用集中供冷模式更为经济适用。

[①] 前海管理局. 前海合作区区域集中供冷系统规划布局方案可行性研究报告[Z]. 奥雅纳工程咨询（上海）有限公司深圳分公司，2014.

③深圳地区实施了峰谷电价制度，为区域供冷实施蓄冰运营提供了前提条件。

区域供冷系统可行性研究包括：

①区域供冷系统与分散供冷系统的节能和经济性比较。

②单位面积建筑冷负荷指标对区域供冷系统经济性影响。

③供冷距离对区域供冷系统经济性影响。

④道路建设时序对区域供冷可行性的影响。

前海合作区规划为 22 个开发单元，以其中二单元为例，展开了系统分析，形成了详细的对比数据。

研究发现，相较于各单元设置分散供冷系统，二单元采用区域供冷系统，在机房面积、电力需求、装机容量、运行能耗上均有较大优势。从节能减排的角度来讲，二单元采用区域供冷是可行的。

以二单元为例进行综合分析发现，与各单体建筑分散设置空调机房相比，前海合作区若采用区域供冷系统将具有以下优势：

①根据不同社区内建筑单体使用时间及负荷的变化，综合考虑同时使用系数，减小设备总装机容量，降低设备初投资。因为各建筑使用功能不同，空调使用时间和负荷出现高峰的时间也有所不同。建立区域供冷站能减少空调装机容量和相应变配电设施，从而减少空调系统的初投资。

②可以避免不同建筑单体采用中小型设备效率低、质量参差不齐的缺点。区域供冷系统通过集中选用大型优质高效的设备，可提高空调系统对电力和空调负荷的管理效率，相应提高能源利用效率，降低运行成本。

③可以取消单体建筑外挂、外置空调设备，达到美化建筑外观、减少噪声污染的目的，是高密度区域建筑的最佳选择。

④区域供冷站机房集中设置，可以减少机房设备占地面积和相关工作人员数量，便于管理的同时降低运行成本。

⑤区域供冷系统实行规模化经营、专业化管理，可以省去用户自行维护空调的繁琐事务。

前海合作区共分为 22 个单元。除个别单元外，其余均按照一定比例配置商业、办公、酒店等配套设施，基本建筑功能配置与二单元相近。因此从节能减排的角度来讲，前海合作区采用区域供冷系统是可行的。

针对前海合作区的实际情况，前海合作区采用区域供冷系统还受到以下因素影响：

①道路建设时序将影响集中供冷管网的敷设时间。一般而言，区域供冷项目对供冷站选址、市政管网等有着特定要求，大多选择在新建区规划建设。对于已建成区来说，改造难度较大。前海合作区虽属于新建区，其面临的市政道路与供冷管网的协调挑战仍十分突出。

②投资经济性问题的考量。咨询单位测算了供冷管道由供冷单位投资或者包含在市政建设费用内两种情况的对比。通过测算发现，如供冷管道采用市政建设投资，节省的运行费用可在较短的时间内回收。该测算为后续投资模式的设计提供了初步方向。

（3）前海城市区域供冷项目落地面临的突出挑战

城市级的区域供冷项目要落地实施，在技术可行性分析结果为可行的基础上，面临更为突出的挑战是如何设计合适的制度来建设 10 个供冷站与约 90km 的市政供冷管网。顶层制度设计是前海城市区域供冷实施需要解决的关键性问题。而在顶层制度设计之前，必须理清前海区域供冷的本质特征，与所涉及主体的主要矛盾，即需要明确"前海区域供冷与其他集中供冷项目有何区别"，第二章将着重分析前海城市区域供冷的属性特征。

PART 2
第 2 章

城市区域集中供冷属性分析

2.1 城市区域集中供冷属性分析概述

从空间分布上看,前海合作区的桂湾片区、前湾片区和妈湾片区拟建设 10 个供冷站、约 90 km 市政供冷管网。其中桂湾片区 4 个供冷站、前湾片区 2 个供冷站、妈湾片区 4 个供冷站。总投资约 40 亿元,总规模约 39 万 RT,总供冷面积约 1700 万 m²,具有突出的技术复杂性。从时间维度上看,10 个冷站和约 90 km 市政供冷管网依附并支撑着前海合作区的发展,并分为近、远期规划(图 2-1),总体建设时间跨度长,随着区域的开发而持续建设和运营,面临着突出的不确定性。

图 2-1 前海区域供冷的近、远期规划

系统装机规模大、服务范围广、建设周期长等是人们对前海区域供冷复杂性的感性认识，而影响前海区域供冷实践和探索的是这些感性认识背后的属性。前海区域供冷的属性决定了其供冷的内涵和边界，属性分析也是其顶层制度设计的先导工作。

本章主要从三个关键属性展开分析。属性一是市政公用事业属性，与纯商业投资有所区别。属性二是城市区域属性，区域供冷属于城市区域发展的一部分，紧密融入城市区域的开发和发展过程中。前海区域整体的顶层设计引导并约束区域供冷的规划与设计，同时，通过区域供冷也能够支撑前海城市整体的顶层设计落地。属性三是企业市场化运作属性，注重可持续经营及市场化运作。表 2-1 总结了前海区域供冷属性的具体内容。

表 2-1　前海区域供冷属性

维度	子维度	具体内容
市政公用事业属性	公用属性	公益性
		自然垄断性
		市政基础设施
	非充分竞争市场属性	准公共产品
		准经营性
城市区域属性	区域供冷服务区域发展	提升营商环境
		提升城市品质
		集约化土地利用
	需要政府的积极支持	政府对区域供冷的顶层设计
		政府积极参与
		平衡运营方和用户的关系，保障用户的利益
	冷站集群规模性	分期建设
		与市政基础设施统一规划、设计与建设
		统一与客户的界面管理

续表

维度	子维度	具体内容
企业市场化运作属性	经营权的获取	经营权授予方式
		经营协议
	经营可持续性	保本微利
		降本增效
	市场化运作	市场化定价
		履行合同约定和承诺

2.2 市政公用事业属性

2.2.1 市政公用事业概述

2.2.1.1 政策发展

中华人民共和国成立之后很长的一段时间里，我国城市公用事业一直沿用国家或城市财政直接出资、国有企业占主导地位的管理模式。党的十一届三中全会的召开，开启了对中国特色社会主义探索的新时期。1982年9月，党的十二大明确提出"计划经济为主，市场调节为辅"的经济原则，我国经济体制逐步由计划经济向社会主义市场经济转轨。

2002年12月，原建设部通过并下发了《关于加快城市公用事业市场化进程的意见》，允许外资和民间资本进入、明确城市公用事业市场化改革方向、引入竞争机制、放宽民营资本和国外资本准入条件、打破区域垄断，这标志着我国城市公用事业规制改革进入一个新的阶段。之后分别于2004年2月和2005年9月通过并下发了《城市公用事业特许经营管理办法》和《关于加强城市公用事业监管的意见》，一系列政策的颁布直接推进了我国城市公用事业特许经营前进与改革的步伐。

2013年党的十八届三中全会通过了《关于全面深化改革若干重大问题的决定》，会上提出实现全面深化改革的关键在于经济体制改革，首先针对政府与市场之间的界限进行清晰的确定。一方面，在资源配置中充分发挥市场的决定性作用；另一方面，政府要在宏观层面发挥指导与保障作用。对于城市公用事业中的垄断行业，要实行以政企分开、政资分开、特许经营、政府监管为主要内容的改革，根据不同行业特点实行网运分开、放开竞争性业务，推进公共资源配置市场化。

党的十八届三中全会后，政府着力寻求深化改革的方向，其中主要的着力点是政府和社会资本合作模式（Public-Private-Partnership，PPP）。城市公用事业具有收入稳定、现金流充沛等特点，对追求稳定回报的社会资金具有强大的吸引力，因而公共部门与私人部门的合作渐成趋势。2015年4月25日，在《城市公用事业特许经营管理办法》的基础上，国家发展改革委、财政部、住房城乡建设部、交通运输部、水利部、人民银行六部委联合出台了《基础设施和公用事业特许经营管理办法》（六部委第25号令），积极倡导并推广使用PPP模式。2023年11月，国家发展改革委、财政部颁布《关于规范实施政府和社会资本合作新机制的指导意见》（国办函〔2023〕115号），据此，PPP模式进入新的发展阶段。

2.2.1.2 市政公用事业的概念及其属性界定

（1）政策和规范中市政公用事业的概念

原建设部2005年颁布的《关于加强市政公用事业监管的意见》（建城〔2005〕154号）中将"市政公用事业"定义为"为城镇居民日常生产与生活提供必需的普遍服务的行业，主要包括城市供水排水和污水处理、供气、集中供热、城市道路和公共交通、环境卫生和垃圾处理以及园林绿化等"（见表2-2）。

表2-2 市政公用事业相关定义

政策	定义	描述
城市市政公用事业利用外资暂行规定（2000年）	市政公用事业	包括城市供水、供热、供气、公共交通、排水、污水处理、道路与桥梁、市容环境卫生、垃圾处置和园林绿化等
关于加强市政公用事业监管的意见（2005年）	市政公用事业	是为城镇居民生产生活提供必需的普遍服务的行业，主要包括城市供水排水和污水处理、供气、集中供热、城市道路和公共交通、环境卫生和垃圾处理以及园林绿化等

续表

政策	定义	描述
住房城乡建设部关于印发进一步鼓励和引导民间资本进入市政公用事业领域的实施意见的通知（2012年）	市政公用事业	是为城镇居民生产生活提供必需的普遍服务的行业，是城市重要的基础设施，是有限的公共资源
基础设施和公用事业特许经营管理办法（2015年）	基础设施和公用事业领域	能源、交通运输、水利、环境保护、市政工程等；基础设施和公用事业特许经营是指政府采用竞争方式，依法授权中华人民共和国境内外的法人或者其他组织，通过协议明确权利义务和风险分担，约定其在一定期限和范围内投资、建设、运营基础设施和公用事业并获得收益，提供公共产品或者公共服务
"十四五"全国城市基础设施建设规划（2022年）	城市基础设施	涵盖城市交通、水、能源、环境卫生、园林绿化、信息通信、广播电视等系统

（2）政策和规范中对于市政公用事业属性的界定

《关于加强市政公用事业监管的意见》（建城〔2005〕154号）指出，市政公用事业具有显著的基础性、先导性、公用性和自然垄断性。

《市政公用设施建设项目经济评价方法与参数》（以下简称《市政项目方法与参数》）提出市政项目经济评价应考虑市政项目的以下特点[1]：①市政项目的主要特征表现为公用性、公益性、自然垄断性、服务网络性以及政府主导性。②市政项目的产品（服务）均为城市居民生活所必需的，价格弹性较小，需求相对稳定，并长期随着经济与社会的发展而不断增长。项目现金流稳定，投资回报长期稳定，但投资巨大、资本沉淀性强、收益率较低、投资回收期长。③市政项目经济评价不应追求项目的营利性，重在考察项目的生存能力、成本和社会目标。④在城市总体规划与专项规划的指导下，市政项目建设规模既要满足城市近期需要，又要考虑中长期发展的经济合理性；在以社会主义市场经济为导向的经济体制改革原则指导下，既要考虑当前市政公用设施服务的实际情况，也要考虑长期市场经济改革与发展趋势。⑤政府是市政公

---

[1] 住房城乡建设部标准定额研究所. 市政公用设施建设项目经济评价方法与参数［M］. 北京：中国计划出版社，2008.

用事业的责任主体，对市政公用事业实施行业监管和以价格（收费标准）监管为核心的规制。政府通过规划和产业政策，对市政建设进行引导和调控。在我国城市基础设施建设处于发展时期时，政府投资将起主导作用。⑥市政项目大多具有显著的正面外部效果，有些项目也会伴随一些负面影响，有些外部效果是无形的。合理界定项目外部效果的空间范围、时间跨度和影响程度是经济评价的重要工作，将外部效果货币化是经济评价的关键。⑦市政项目具有网络效应、规模经济效益和集合影响，单个项目经济评价往往不能完整反映项目之间的关联效益和关联成本。从区域容量或区域规划的角度，对项目群进行综合经济分析，有利于优化资源配置、降低不利影响、统筹建设时序和投资重点。

（3）政策和规范中对于市政公用事业类型项目的划分

《市政项目方法与参数》提出根据项目特点，在经济评价中可将市政项目划分为三种类型：第一类项目，指按照国家关于深化国有企业改革和公用事业改革要求，在体制上、机制上发生根本性变化，项目实体实行自主经营、自负盈亏，以及采用特许经营模式。第二类项目，指因政策性原因造成价格（收费标准）不到位，难以补偿项目运营成本、回收投资，需要政府在一定时期给予运营补贴。第三类项目，指全部由政府投资建设，并给予长期运营补贴。

国家发展改革委《关于开展政府和社会资本合作的指导意见》（改投资〔2014〕2724号）提出三种分类：①经营性项目。对于具有明确的收费基础，并且经营收费能够完全覆盖投资成本的项目，可通过政府授予特许经营权，采用建设—运营—移交（Build-Operate-Transfer，BOT）、建设—拥有—运营—移交（Build-Own-Operate-Transfer，BOOT）等模式推进。要依法放开相关项目的建设、运营市场，积极推动自然垄断行业逐步实行特许经营。②准经营性项目。对于经营收费不足以覆盖投资成本、需政府补贴部分资金或资源的项目，可通过政府授予特许经营权并附加部分补贴或直接投资参股等措施，采用建设—运营—移交（BOT）、建设—拥有—运营（Build-Own-Operate，BOO）等模式推进。要建立投资、补贴与价格的协同机制，为投资者获得合理回报创造条件。③非经营性项目。对于缺乏"使用者付费"基础、主要依靠"政府付费"回收投资成本的项目，可通过政府购买服务，采用建设—拥有—运营（BOO）、委托运营等市场化模式推进。需要合理确定购买内容，把有限的资金用在刀刃上，切实提高资金使用效益。

《〈关于规范实施政府和社会资本合作新机制的指导意见〉的通知》（国办函〔2023〕115号）提出聚焦使用者付费项目。政府和社会资本合作项目应聚焦使用者付费项目，明确收费渠道和方式，项目经营收入能够覆盖建设投资和运营成本且具备一定的投资回报。

《关于贯彻国务院关于加强地方政府融资平台公司管理有关问题的通知相关事项的通知》（财预〔2010〕412号）中，公益性项目是指为社会公共利益服务、不以营利为目的，且不能或不宜通过市场化方式运作的政府投资项目，如市政道路、公共交通等基础设施项目，以及公共卫生、基础科研、义务教育、保障性安居工程等基本建设项目。

对于纯政府投资的收费高速公路、学校和医院，为非经营性政府投资项目，项目对使用者收费的目的是弥补财政收入的不足或者提高政府部门的运作效率。而对于非收费高速公路，则直接为非经营性政府投资项目。一个项目在其生命周期中不会只保持一种性质，可能出现经营性与非经营性的转化，如一段收费高速公路，收费方认为通过过路费的收取已经获得了合理利润，取消了收费站，开放式通行，其性质就从经营性项目变成了非经营性项目。

《基础设施和公用事业特许经营管理办法》提出，基础设施和公用事业特许经营应当坚持公开、公平、公正，保护各方信赖利益，并遵循以下原则：①发挥社会资本融资、专业、技术和管理优势，提高公共服务质量效率；②转变政府职能，强化政府与社会资本协商合作；③保护社会资本合法权益，保证特许经营持续性和稳定性；④兼顾经营性和公益性平衡，维护公共利益。①

（4）学术研究中市政公用事业的概念

市政公用事业指可利用市场机制的城市供水、供气、供热、公共交通、排水、污水与垃圾处理、市政设施、市容环境卫生、城市绿化等城市公共设

---

① 中华人民共和国国家发展和改革委员会，中华人民共和国财政部等六部门公布. 基础设施和公用事业特许经营管理办法［Z］. 2024.

施行业。市政公用事业具有以下特征：自然垄断性、外部性、公用与公益性、地域性以及需要一个完整统一的输送网络（网络性）。市政公用事业是一个市场失灵的领域，不可能完全依赖市场机制的作用。①

在经济学中，公共产品的经典定义为根据消费上的排他性/非排他性、竞争性/非竞争性，将社会产品分为私人产品和公共产品，其中公共产品又分为纯公共产品与准公共产品。埃莉诺·奥斯特罗姆在此基础上，提出用消费上是否具有排他性和共同性来区别私人产品和公共产品②。

公共产品的提供方式可以有多种，如政府供给、私人供给、政府与私人共同供给。私人产品主要是为了满足个人特殊需求，公共产品则主要是为了满足与社会上每个人都有利益关系的公共需求。一般认为私人产品可以由市场机制主导供给；而公共产品由于其本身具有比较特殊的性质（比如消费的非竞争性和非排他性、产品利益边界不清楚、投入成本和产出效益不成比例），就需要由政府来主导供给。

（5）已有政策中对区域供冷市政公用事业属性的界定

深圳市、海口市、广州市等地区的典型集中供冷项目的管理办法均将区域供冷系统作为"市政公用基础设施"，即集中供冷服务作为该地区的准公共服务。例如，前海深港合作区的区域供冷系统是前海深港合作区重要的市政公用基础设施，海口江东新区的区域供冷系统是海口江东新区（起步区）重要的市政公用基础设施，广州天河区的区域供冷系统是天河区重要的市政公用基础设施。

2.2.2 区域集中供冷的市政公用事业属性分析

（1）公益性

公益性主要体现在以下两方面：①区域供冷具有减排、降污、节能、节

---

① 仇保兴，王俊豪. 中国城市公用事业特许经营与政府监管研究 [M]. 北京：中国建筑工业出版社，2014.
② Ostrom E. Governing the commons: the evolution of institutions for collective action [M]. London: Cambridge University Press, 1990.

地等优点，能有效提升社会与环境效益，具有正面外部效果；②存在市场失灵情况，即社会资本承担公益性的驱动较小，需要政府一定程度的干预。

（2）准经营性

《关于开展政府和社会资本合作的指导意见》（发改投资〔2014〕2724号）指出，准经营性项目是经营收费不足以覆盖投资成本、需政府补贴部分资金或资源的项目。对于区域供冷，其准经营性属性具有以下特征：①前期投资大，导致投资回收期长，因此要提前做好财务上的准备。②价格弹性较小，需求相对稳定，带来的现金流相对稳定。③随着供冷量增加而下降的规模经济性，生产规模越大、产量越多，其平均成本、边际成本就越低。

（3）自然垄断性

自然垄断性主要体现在如下方面：①用户接入区域供冷系统后，再更换的代价高。②用户处于弱势地位。从政府角度，需要通过控制收益率、限价等方式在保证国有资产保值增值的同时最大限度地让利于民。前海合作区集中供冷明确采用市场化定价，即由供需双方协商确定，充分考虑到用户在协商中处于弱势地位。③经营者具有唯一性，当存在竞争性经营者时，自然垄断的性质将不复存在。

（4）市政基础设施

市政基础设施指由各级市政基础设施行业主管部门及其所属事业单位为满足城镇居民生活需要和其他公共服务需求而控制的、促进城市可持续发展所需的工程设施等有形资产。

市政基础设施具有如下基本属性：①市政基础设施需要以成网的形式提供服务。规划与建设需要与市政基础设施同步。②市政基础设施的开发与区域开发紧密关联。在总体规划与专项规划的指导下，市政项目建设规模既要满足城市近期需要，又要考虑中长期发展的经济合理性。

（5）准公共产品

使用具有排他性，可单独消费，准确计算。

2.3 城市区域属性

2.3.1 区域集中供冷服务城市区域发展

区域供冷的提出源于城市区域发展的战略需要，在前海发展集中供冷能够提升营商环境、提升城市品质和集约化利用土地。

（1）提升营商环境

2021年9月，中共中央、国务院印发的《全面深化前海深港现代服务业合作区改革开放方案》中要求，到2025年，前海初步形成具有全球竞争力的营商环境，到2035年，营商环境达到世界一流水平。优化营商环境以及更好地服务前海企业是前海关注的重要方向。在项目前期的调研中发现，前海合作区的产业主要集中在金融、科技、信息和现代物流等现代服务业。这些产业的能源消耗主要来自建筑和交通两大领域。在后期的多次调研中，也进一步证实了区域供冷可为用户提供经济、安全、可靠的供冷服务，有助于提升营商环境。其优势如下：①采用区域供冷系统后，无论是楼宇物业管理者，还是行政事业单位的后勤管理人员都将从安装、管理、维修空调设备等繁重的工作中解脱出来，并能得到安全、可靠、稳定、高质量的冷源。②由于设备质量和管理水平的提高，以及控制调节技术的现代化，将显著提高整个系统的安全性。由于设备的集中式布局，可以显著提升制冷设备的容量和数量，进而增强系统的整体效能。同时，这种集中化也促进了设备安全性的提高，因为集中管理使得维护和监控更加便捷高效。此外，系统内设备之间的备用性也得到了加强，一旦某台设备出现故障，备用设备可以迅速接管工作，确保系统连续稳定运行。

（2）提升城市品质

①基于空调系统的工作原理，任何空调设备系统在室外都有配套的散热设备，如分体机的室外机、中央空调系统的冷却塔等，这些安装于室外的空调设备产生的噪声、飘水、局部热岛效应等，不但是城市的一种安全隐患，还影响建筑美观和城市形象。区域集中供冷系统，可以减少甚至基本取消这些空调室外散热设备（图2-2）。

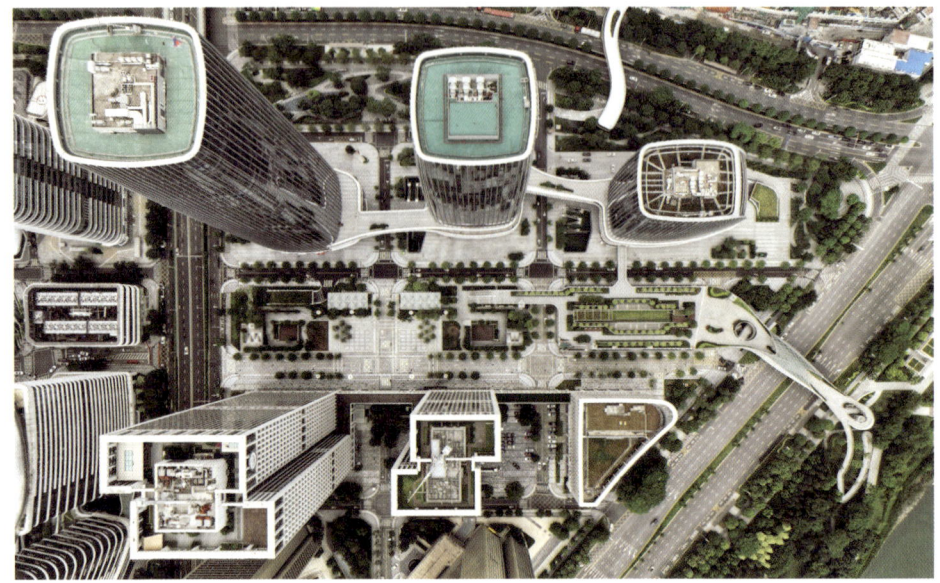

图 2-2　使用区域供冷的建筑屋面

（3）集约化利用土地

区域供冷还有利于土地空间的高效利用。在常规楼宇中，为了自主供应冷气，每座建筑均需配备宽敞的制冷机房，同时在裙楼区域构建冷却塔设施，以确保空调系统的高效运行与热量排放。区域供冷系统采取创新方式，将制冷机房与冷却塔统一规划并集中建设在公交场站等公共设施的地下或楼顶空间，有效促进了土地资源的集约化利用（图 2-3）。

图 2-3　附建在地下的冷站模型

2.3.2 城市区域级集中供冷需要政府的支持

由于城市的空间尺度大以及集中供冷的建设与运营周期长,城市级的区域供冷项目需要政府作为资源方积极地参与,做好顶层设计。

(1)政府对区域供冷的顶层设计

政府作为资源方,要下决心做好区域供冷项目,并从社会效益的角度进行全局考虑,充分做好顶层制度的设计。如通过管理办法、监管细则、专项规划等方式,从系统工程角度做好整个集中供冷的顶层制度设计。

(2)政府积极参与

政府积极参与体现在如下方面:①落实到规划中,即将区域供冷建设落实到区域发展专项规划中。②用户使用上的支持,例如作为土地出让中的一个条件。③投资上的支持。地方政府在有能力的情况下积极参与投资,即在一定期限内提供经济上的资助,如推行附建模式,或投资市政管网。④报批报建中落实审核环节,使其符合总体规划要求。

(3)平衡运营方和用户的关系,保障用户的利益

通过顶层制度设计,能更有效地平衡运营方和用户的关系,有利于集中供冷的可持续发展。从政府角度,通过价格监管、质量监管等手段,充分考虑和保障用户的利益。

2.3.3 冷站集群规模性

城市区域供冷受区域开发的整体进度影响。由于在空间尺度的范围较广,以及建设周期较长,为有效控制风险,则需要通过冷站群的形式进行分期建设,并与基础设施共同推进。

(1)分期建设

分期建设重点考虑以下两点:其一,用户需求。用户的成长需要一定时间,应根据用户逐年冷负荷增长情况及经济性分析结论进行分期建设。其二,减少投资风险。为减少前期的资金投入和避免设施的闲置,供冷站根据服务地块的开发时序进行分期建设是必要的。

（2）与市政基础设施统一规划、设计与建设

集中供冷系统作为市政基础设施，需要与其他市政基础设施进行统一规划、协调推进。

（3）统一与客户的界面管理

根据冷站的规划布局，冷站将服务于一个地块或多个地块。存在不同地块的建设时间不同步，一个地块内不同建筑的建设时间也不同步。因此，需要从技术和管理上，统一与客户的管理界面，以提高整体的管理效率。

2.4 企业市场化运作属性

市政公用事业的经济学特征决定了市政公用企业同时承载了企业利润和社会公共利益的双重责任，公用企业不能像民营企业一样自由参与市场竞争，而政府对公用企业必须采用有别于民营企业的政府规制方式。

市场化运作属性是指根据市场经济的规律与要求，按照企业化运营方式，充分配置内外部资源，实现自身效益的最大化。市场化运作的特点是市场导向和竞争导向。公用事业通过一定的方式引入市场机制，利用市场主体（企业）的资金、技术、管理经验等来提供服务，有利于激发企业的内在活力和创造力，推动企业不断提高产品和服务质量、降低成本、增强竞争力，同时还能够促进资源的优化配置，实现社会资源的最大化利用。公用事业市场化运作的主要方式如表 2-3 所示。

表 2-3 公用事业市场化运作方式

	政府主导	社会资本主导	PPP 模式	经营权授予
授予方式	组建	招标	招标	直接授权
企业类型	政府组建企业	社会企业	国有企业/社会企业	国有企业/社会企业
资金来源	政府投资	社会资本	国有资金/社会资本	国有资金/社会资本

区域供冷作为前海的市政公用基础设施，是一种准公共服务，在追求企业利益的同时，还需要充分兼顾公共利益。前海区域供冷的市场化运作在经

营权的获取、企业可持续发展和价格制定等方面与国内同类型项目相比，呈现出其自身特点。

2.4.1 经营权的获取

企业取得主管部门授予的供冷经营权或特许经营权后，方可作为供冷单位，从事区域供冷系统的投资、建设、运营和服务等活动。

2.4.1.1 经营权授予方式

经营权授予的方式包括：①直接授予。《前海区域集中供冷管理办法》（征求意见稿）提出，主管部门可直接将供冷经营权授予局属企业，由局属企业负责投资、建设、运营集中供冷业务。采取直接授予经营权的，应当予以公告。②公开授予。《前海区域集中供冷管理办法》（征求意见稿）提出，也可参照特许经营条例，如《深圳市公用事业特许经营条例》，公开授予经营权。

2.4.1.2 经营协议

主管部门与依法确定的供冷单位签署供冷经营协议，明确授权范围、经营期限、经营权使用费、资产移交及处置办法、双方的权利与义务、违约责任，以及在投资、建设、运营活动中关于供冷单位的考核标准、退出机制等事宜。

授权范围和方案存在多种形式。

①投资、建设和运营的授予。可以采用投资、建设与运营一并授予的模式，或者是投资、建设与运营相分离的模式（表2-4）。

表2-4 投资、建设与运营授予方式

方案	方案一	方案二	方案三
模式	投资、建设、运营一体化	投资、建设、运营分离	
范围	投资、建设、运营一体	投资、建设、运营分离	投资、建设一体，委托专业运营
描述	将冷站授予供冷单位投资、建设、经营，期限届满后无偿移交给主管部门	投资主体将冷站移交供冷单位建设运营，期限届满后无偿移交给主管部门	投资主体建成后，委托供冷单位提供运营服务

a. 投资、建设、运营一体化模式，即项目投资、建设与运营由同一个单位完成。该模式要求企业具有较强的建设与运营能力，需要同时承担建设与运营的风险，也可以在建设或运营期引入专业团队。该模式的优点是既可以享受建设单位的相关政策支持，又可以共同承担运营中的风险；缺点是建设单位在建设过程中需要单独承担风险。这种模式在一定程度上缓解了一体化模式与相分离模式中的缺点，是对它们的一种交叉与综合。例如，南京鼓楼国际服务外包产业园江水源热泵DHC项目，由南京鼓楼国际服务外包产业园管委会与南京丰盛能源环境科技发展有限公司共同成立南京法斯克能源科技发展有限公司，作为专业公司负责投资、建设及系统的商业化运营。

b. 投资、建设与运营相分离模式，即投资单位仅负责项目的建设，项目建成后选择新的运营商。该模式的优点是可以规范化运作，缺点是运营商在经营管理中需要单独承担风险，且享受不到建设主体可以获得的政策优势。如，广州大学城区域供冷、集中生活热水系统在运营方面是通过国际招标方式选择国外有经验的运营商进行专业化管理，即为建设主体与运营主体相分离的模式。

②运营方的经营形式。

以前海区域供冷为例，在项目之初，对运营方考虑主要是由前海建投集团独立完成，或者是前海建投集团与社会资本合作完成。表2-5分别从运营方的两种经营形式上作了比较，并分析了优、缺点，表2-6为国内集中供冷运营模式。

表2-5　前海区域供冷项目运营方的经营形式描述

	前海建投集团独立完成	前海建投集团与社会资本合作
形式	项目建设与运营均由一家单位完成	国有企业与社会资本共同参与建设与运营
优点	①在前期面临用户接入率不足、财务亏损的压力时，前海建投集团可以顶住压力，持续推动前海合作区集中供冷事业的建设； ②前海管理局将会出台一系列政策推动和规范区域供冷事业的发展，将前海合作区区域供冷的经营权授予前海建投集团，可以保证即使在前期面临一系列困难的情况下，政策也能得到有效执行	①降低前海建投集团投资、建设与运营风险； ②引入经验丰富的社会资本和专业力量，可以提高经营效率

续表

	前海建投集团独立完成	前海建投集团与社会资本合作
缺点	①建设、运营风险完全由前海建投集团承担，风险大； ②前海建投集团缺乏供冷运营实践经验，而供冷系统技术要求较高，因此前海建投集团是否有足够的能力来有效运营供冷系统是一个未知数； ③前海建投集团垄断经营，可能导致其缺乏内在驱动力进行技术革新、降低用冷成本	①由于前海合作区域供冷项目投资大、回报周期长、供冷市场还不成熟等原因，导致对社会资本的吸引力不足； ②由于项目前期必然会面临用户接入率不足、财务亏损的压力，社会资本可能因此退缩

表 2-6　国内部分集中供冷项目的运营模式情况

项目名称	运营模式	建设单位	经营权授予方式
香港启德发展区区域供冷项目	DBO 模式	运营单位为香港区域供冷有限公司	政府投资建设	
重庆市江北城 CBD 区域江水源热泵集中供冷供热项目	公建公营	市发展改革委与重庆两江新区管委会 100%控股的企业签订特许经营协议	重庆市江北嘴中央商务区开发投资有限公司	特许经营权（市发展改革委代表市政府签署）
北京中关村广场区域供冷项目		中外合作企业，由北京科技园建设（集团）股份有限公司与瑷玛斯（中国）有限公司共同投资成立	北京瑷玛斯区域供冷技术开发有限公司	
南京南部新城区域供冷供热项目	公私合营（类）PPP（BOO 模式）	由南京市南部新城开发建设（集团）有限公司与中国建筑节能公司组建	南京中节能建筑能源有限公司	公开招标投资人
福州海西高新区可再生能源供能项目		由福州高新区投资控股有限公司与中节能建筑节能有限公司组建	福州中节能城市节能有限公司	公开招标投资人
广西华电南宁江南分布式能源站项目	社会主体独立投资（BOO 模式）	由华电南宁新能源有限公司投资建设运营	华电南宁新能源有限公司	

续表

项目名称	运营模式	建设单位	经营权授予方式
广州珠江新城集中供冷项目	招商合资	中港合作，由广州市城市建设投资集团与香港投资公司创立项目公司投资运营，其中广州市城市建设投资集团以土地出让和优惠政策作为参股资本	广州珠江新城能源有限公司	由广州市政府文件直接提出（《广州市政府关于加强珠江新城区域供冷应用管理的通告》穗府〔2009〕36号）

2.4.2 经营可持续性

为保持经营可持续性，区域供冷的定价应兼顾供冷单位和用户等相关方的利益，按照"保本微利"的原则确定。制定冷源使用收费标准必须慎重，要让用户容易接受。

（1）保本微利

从企业可持续经营角度，企业必须要能盈利，实现资产的保值增值。企业通过一定程度的盈利来继续加大技术研发的投入、吸纳优秀人才，以便更好地服务供冷事业，形成企业经营与用户服务的良性循环。

但作为市政公用基础设施，在盈利的同时，还需要有效保障用户利益。因此，在定价中主要遵循"保本微利"的原则，使供冷企业在提供服务时有盈利但不暴利。在供冷企业获得盈利的情况下，需要通过降价等方式减轻用户经济压力。

（2）降本增效

经营可持续的另一个重要条件是降本增效。供冷企业作为市场化运作企业，在运营过程中，需要通过技术研发、制度建设、人才培养等途径降本增效，提升企业的竞争力。

2.4.3 市场化运作

企业作为市场运作中的单元，通过市场的供给来调节价格，并将合同作为市场交易的纽带，明确市场运作的权责利。

（1）市场化定价

区域供冷价格由市场各方协商确定，实行市场调节管理。市场化定价的基本内涵包含如下几点：首先，集中供冷服务的价格应对比国内同类项目、同类地区、同类建筑采用中央空调的收费标准。其次，应从供冷产品生产成本以及项目全生命周期角度考虑合理收益。最后，应与用户平等协商。

（2）履行合同约定的承诺

通过合同约定运营方与用户之间的权责利。常见的合同约定内容包括运营方与用户的职责、供冷负荷、供冷时间、投资（管理）义务、供冷价格、缴费时限、供冷参数、管网维护、应急处理、奖惩制度、违约责任及争议解决方式等事项。

第 3 章

前海区域集中供冷实施模式与制度设计

前海区域供冷具有城市级区域属性，城市级的"大尺度"使得区域供冷项目需要更多的资源与支持，其规划、投资、建设、运维管理等过程离不开从制度层面参与、协调与支持。其次，前海区域供冷具有市场化运作属性，应充分发挥市场在资源配置方面的调节作用，但其作为基础设施，具有公益性，难以仅依赖于市场调节作用为用户提供公共服务，市场运作应基于政府的主导，在社会效益和经济效益之间取得平衡。基于此，结合国内外其他区域供冷（供热）项目实践情况，对前海合作区区域供冷的顶层制度设计展开系统阐述，提出"政府主导、企业参与、市场运作"的制度设计原则，并对制度规划设计内容进行分析。

3.1 区域集中供冷的实施特征与制度需求

3.1.1 区域集中供冷实施的主要特征

区域供冷在我国仍是一项相对较新的技术和模式，其研发始于 21 世纪初，应用发展历程较短，用户对其认知和接受度普遍较低，现有实践尚无成熟的模式可供参考，存在参与开发的各方利益主体诉求多样、多方协调难度大、项目效益实现困难等难题。但区域供冷系统作为一种新的低碳节能模式，近年来日益得到社会各方的高度关注，承载着政府和社会的多方诉求，其主要特征表现在以下三方面：

一是集中供冷的本质是通过工业化的方式生产空调冷冻水。因此，必要的规模性是实现集约化社会效益的一个前提条件和基本特征。结合相关实践来看，要充分实现集约规模性优势，需要政府在项目前期和实施过程中的高度参与和支持，集约化规模化优势有助于充分发挥集中供冷带来的绿色效益。

二是集中供冷技术的规模化应用涉及初始投资大、用户需求难以预测、管网建设协调难度大、投资回报周期长等特征，其技术的规模化应用仍存在着技术研发和运维管理等创新缺口。因此，其大规模应用往往离不开项目企业的持续钻研和精心运营。国内现有集中供冷实践多数表现出能效比不高、总体经营效益不佳等问题，这一系列问题的解决仍需要通过企业化运作机制的探索才能获得系列问题的集成解决方案。

三是在现行市场环境中，集中供冷设施的长期经营性决定了其服务必须要获得市场用户的认可，服务价格要具备市场竞争力。尤其是将其作为城市级的一个专项应用予以实施时，集中供冷事业具有了与市政基础设施相似的准公共品属性，如何在实施应用中实现政府和市场的双重治理，保障经济效益和社会效益的统一，实施模式的确定仍是一个关键的挑战。

3.1.2 区域集中供冷事业的治理和必要性

综合现有的典型项目经验来看（表 3-1），区域供冷项目与常用的建筑空调制冷模式相比，仍是一种新兴的能源服务模式。但由于其在城市节能减排方面的巨大潜力，区域供冷项目近年来得到全球各国政府的高度重视，纷纷发起和支持这类项目的实施，企业则作为承担项目投资、开发建设和运营维护的主体。政府和企业二者需要在该类工程实施中进行良好的互动和协作，才能实现区域供冷项目顺利落地和良好运营。

表 3-1　区域供冷典型案例实施模式比较

项目	冷量（万冷吨）	实施主体	政府介入	实施效果
香港启德发展区区域供冷（一期）	8.33	香港区域供冷有限公司（DBO）	政府投资	个别地块开发用途尚未确定，冷量需求难以提前预测；前期管网一次性投入，投资金额大；整体收益具有不确定性
广州珠江新城集中供冷（一期）	3.00	广州珠江新城能源有限公司	颁布强制性使用要求；特批峰谷电价的优惠	没有考虑初期规划；推广困难、用冷量增长缓慢、迟迟达不到经济合理的制冷规模
广州亚运城集中供冷	0.39	企业联合体负责施工和前三年保障期运营管理	政府投资	前期规划不完善、实施过程中多专业协调不好；设计系统规模大、建设周期长、建设资金不足；客户端冷负荷较小，能源浪费大、效率偏低，节能效果差；运营管理不善
新加坡—滨海湾金融中心供冷	25.59	新加坡能源集团（BOO）	定价监管	供冷站空间不足，不利于供冷站内的主要设备及冷却塔的运输、吊装、维修等；运行噪声以及冷却塔有可能产生白雾，影响周边环境
阿联酋阿布扎比—萨迪亚特文化区和萨迪亚特海滩供冷	5.05	特许经营企业	颁布强制性使用的要求	特许经营合同导致运营方拥有专属经营权，易造成收费过高的风险

注：资料来源于奥雅纳工程咨询（上海）有限公司的《前海合作区区域集中供冷系统可行性研究报告》[1]。

---

[1] 前海管理局. 前海合作区区域集中供冷系统可行性研究报告［R］. 奥雅纳工程咨询（上海）有限公司深圳分公司，2014.

从行业方面来看，区域供冷作为新一代空调解决方案改变了传统空调行业的生态链和价值链。从价值目标的角度来看，集中供冷项目实施主要涉及政府、运营方、用户三方（图3-1），三方的目标并非完全统一，甚至在不同维度上存在矛盾，故有必要对三方的价值目标进行分析。政府方的价值目标主要包括地方经济发展、低碳生态。为促进地方经济发展，需要吸引企业进行投资，为此，政府需要提供良好的营商环境。除经济发展目标外，地方政府越来越重视绿色发展，突出节能环保。运营方作为企业，其关键的价值目标是经营的可持续性，实现运营资产的保值增值，对投资效益负责。用户的价值目标是享受优质价廉的供冷服务。因此，在工程整体价值目标设计上，要在充分考虑三方价值目标诉求的基础上，实现"价值共创、合作共赢"，即各方都是在基于实现其他方价值的基础上，实现自身价值目标。

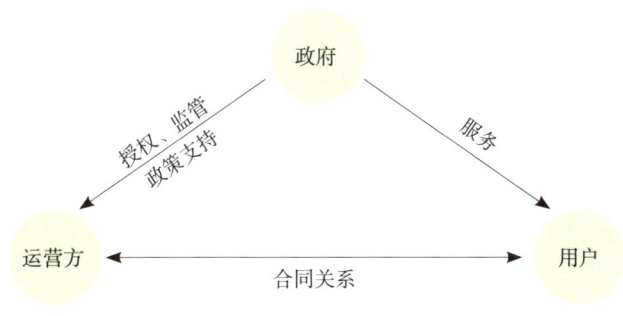

图3-1 政府、运营方与用户的关系

政府作为区域供冷的主导方，其支持力度对项目成功与否具有决定性作用。政府需积极发挥其支持作用，为项目落地和持续运营提供多方面支持与保障。现有实践表明，政府在该类项目中具有两大作用。一是政策支持。政府作为项目的发起方，在项目发起和决策阶段扮演着不可取代的角色，区域供冷的投资、建设、运营全过程都离不开政府方的参与、协调与支持。同时，在项目实施过程中对实施主体提供专门的政策支持，支持项目实施和运营。二是监督管理。为促使供冷企业更好地履行职责，防止其过分逐利，政府主管部门需对当地区域供冷系统的服务、收费机制等进行监管，履行对市场经济的监管职能。区域供冷作为市政基础设施，具有公用性，政府需要采用监管、考核等方式约束运营方，使之更好地服务用户。如，通过监管来保持低价、安全的公共服务。

运营方通常是市场化企业，它们不仅承担建成后的集中供冷设施的持续运维工作，有些还会参与到集中供冷设施的开发建设中，其参与程度会在很大程度上影响整个系统的运行以及用户的接收服务，进而影响系统整体的实施效果。企业积极参与对于项目运营效益至关重要。企业需通过市场化机制提升企业运行能力，为用户提供更优质的供冷服务。此外，区域供冷投资回收周期长，企业需根据区域动态的功能需求做好分期投资规划、建设和设备维护更新。对于民营企业而言，在区域供冷中极易出现"投资滞后"情况，会影响区域内首个用户用冷需求的确定。此外，区域供冷项目实施需要在政府与企业间取得高效协作，通过政府的主动引导、企业的积极参与和互动，才能保证区域供冷项目顺利落地并发挥作用，实现经济效益与社会效益。

用户是决定区域供冷系统是否能成功长期运营的关键。用户通过与运营方签订供冷合同，获得"安全、可靠、及时、经济、绿色"的供冷服务。

政府作为第三方，需平衡运营方和用户的关系，保护用户的利益，从而达到促进地区经济发展，实现节能减排，改善提升营商环境。

集中供冷事业需要在"政府—运营方—用户"之间取得平衡，而三者之间的关系治理是关键，政府处于最为主动的位置，它需履行"政府—运营方—用户"三方治理机制的顶层设计者职能，将供冷单位和用户需求有效连接起来，协调好彼此之间的关系，才能保障集中供冷事业的持续运营。

3.2 前海区域集中供冷的制度与实施模式研究

3.2.1 主要实施挑战

与常规的区域供冷项目不同，前海区域供冷项目内涵更为复杂，具有城市区域属性、市政公用事业属性和企业化运作属性，项目整体的实施难度更大。因此，须通过政府设计来引导政企协作，实现社会效益和经济效益的双重目标。在具体的实施过程中面临的挑战表现在以下三方面：

一是前海区域供冷肩负着提升前海合作区整体的绿色品质和节能减排使命，具有准市政基础设施的定位。不可将其等同常规商业项目来实施，要强化政府主导的制度设计职能，为项目的规划、建设、运行全生命周期运作提供制度保障，同时遵循市场运作规律，发挥市场资源在工程投资、建设和运营过程中的主体作用，推动项目实施的动态、有序、共赢。

二是前海区域供冷项目与同期国内项目相比，规模更大、投资金额更高、建设周期更长。准经营性促使项目开发建设运维过程必须在经济上满足市场化运作要求，满足各参建单位的利益诉求。同时，前海用户多为国内和区域内头部用户企业，相对分散、初步需求不大，且难以精准预测长期需求增长变化情况。因此，相关开发主体面临初期投资大甚至阶段性亏损的问题，对社会企业主体吸引力较低。由于目标多元性以及参与主体数量众多，协调各方利益是一大难题。

三是市场主体的参与能有效配置资源，对项目的快速落地至关重要，但市场主体仍需要考虑经济效益问题。需要相应的配套制度条件以明确市场主体在区域供冷规划、建设、运营中的责任与权利，使政企协作贯穿项目实施全过程，在保障市场主体有序参与的同时，实现不同主体间求同存异与利益的有效平衡，以及社会价值与经济利益的优化。传统的政府与社会资本合作方式难以为项目实施提供保障，亟须从制度着手对传统模式进行创新。

3.2.2 区域规划布局和系统可行性研究

针对上述挑战，前海管理局在 2015—2016 年间通过与深圳市政府直属部门等多轮磋商，确定前海管理局推进区域供冷设施建设可结合前海合作区实际情况进行自主探索创新，并在供冷事项审批、特许经营权授权、经营者选择、市场化价格管理以及供冷实施监管等方面拥有行政管辖权。在此基础上，前海管理局通过选聘的方式，聘请国际著名的奥雅纳工程咨询公司对前海区域供冷规划布局和系统可行性进行了为期一年的深入研究，对其所涉及的区域集中供冷系统规划布局和总体规模论证、区域集中供冷技术经济可行性研究、供冷系统建设与运营可行性研究、供冷技术标准与设计导则、供冷定价及调价机制分析、供冷工程和服务监管等六个专题进行全方位的论证，主要研究内容如图 3-2 所示。

1. 前海区域集中供冷系统规划布局和总体规模论证
2. 前海区域集中供冷技术经济可行性研究
3. 前海区域集中供冷系统建设与运营可行性研究
4. 前海区域集中供冷技术标准及设计导则
5. 前海区域集中供冷定价及调价机制分析
6. 前海区域集中供冷工程和服务监管

图 3-2　前海区域集中供冷制度设计与模式研究流程

3.2.2.1　前海区域集中供冷系统规划布局和总体规模论证

区域供冷系统涉及多方面的综合性规划论证，既要考虑区域供冷范围、规划建筑单元的功能与供冷需求、客户供冷服务要求等市场需求端的问题，还要考虑现有区域总体规划要求、冷站分布和布局、供冷管网规划等总体供给问题。前海区域供冷系统规划布局和总体规模论证主要考虑了冷负荷分析、集中供冷系统的分区、集中供冷站的布局、集中供冷管网等方面的规划，重点以二单元为例进行区域供冷系统的研究。根据《前海深港现代服务业合作区综合规划》等政策文件，前海合作区总占地面积 14.92 km²，初步划定 22 个开发单元，规划总建筑面积约 2700 万 m²。根据各单元的建筑功能、面积及冷负荷特性，结合地块和市政道路的建设时序，以及综合各方面数据和综合测算，初步确定在前海范围内 13 个开发单元建设 10 个供冷站、约 90 km 市政供冷管网，并对供冷站具体位置、配套设备参数及管网铺设进行了规划，确保每个供冷站承担半径不超过 1.5 km 范围内的建筑物供冷，避免冷能传输损耗过高。考虑到不同地块的开发建设进度不同步、已建成的建筑运营状况差异等因素，供冷站计划根据服务地块的开发时序进行分期建设，减少前期的资金投入和设施的闲置。

3.2.2.2 前海区域集中供冷技术经济可行性研究

技术经济可行性研究是前海区域供冷工程规划和研究的重要内容。通过国内外同（近）类地区典型案例调研、相关理论和实践研究与分析，进行技术经济可行性研究路线设计。在前海区域供冷技术可行性研究中，重点进行了区域供冷系统与分散供冷系统节能与经济性比较、单位面积建筑冷负荷指标对区域供冷系统经济性影响、供冷距离对区域供冷系统经济性影响、道路建设时序对区域供冷可行性的影响等分析；在前海区域供冷技术方案可行性中，主要进行了周边能源结构分析、区域供冷系统能源配置方案分析、供回水温度及蓄冰方案分析、系统配置方案分析等。此外，对海水处理、废水治理、噪声防治等环境保护方面的问题进行了深入思考。区域供冷系统虽然具有诸多优点，但使用该系统时也会存在一定的风险，因此在可行性研究中重点分析了主要风险、风险防范措施以及安全防护措施。

3.2.2.3 前海区域集中供冷系统建设与运营可行性研究

系统建设与运营可行性是进行工程投资开发的重要依据。区域供冷系统建设与运营可行性研究主要分析区域供冷系统建设模式类别、前海管理局在供冷中的角色、运营期内对运营单位的考评机制、运营单位表现评分及运营单位退出管理等方面，并重点以 1 号冷站和 2 号冷站为例，详细分析冷站设计建造模式的选择决策，比如传统设计、建造与运营相分离的模式，建造—运营—移交（Build-Operate-Transfer）模式等。

3.2.2.4 前海区域集中供冷技术标准及设计导则[1]

为保证前海合作区区域供冷用户设计工作顺利进行，以《前海深港现代

---

[1] 前海管理局. 前海合作区区域集中供冷技术标准及设计导则[Z]. 奥雅纳工程咨询（上海）有限公司深圳分公司，2014.

服务业合作区综合规划》《前海深港现代服务业合作区市政详细规划》《公共建筑节能设计标准》等政策标准为依据，奥雅纳公司编制了《区域供冷系统技术标准与设计导则》，供运营单位及用户参照，研究重点关注了集中供冷站技术标准，比如采用电制冷离心式冷水机组的冰蓄冷系统，采用电制冷离心式冷水机组或蒸汽溴化锂吸收式制冷机作为基载制冷机时供冷站的蓄冰率设定。同时，还针对集中供冷管道技术标准、区域供冷用户设计导则、区域供冷用户换热站技术标准以及用户换热站自动控制及冷量计量技术标准等进行了研究。

3.2.2.5　前海区域集中供冷定价及调价机制分析[①]

合理的服务价格和收费模式是影响用户接受区域供冷服务的决定性因素，也是保证工程盈利的关键因素。对此，通过对按使用量计量收费（费率固定）、基本费用加使用量计量收费（费率与电价及水价挂钩）、连接费用加基本费用及使用量计量收费等不同区域供冷系统收费模式的研究，奥雅纳公司制定了前海区域供冷的定价收费管理措施。研究还具体以2号冷站为例，通过制定供冷价格的计算模型，比较相关楼宇自行建设制冷系统的造价，以及分析用户市场占有率、市政服务费用增长等主要因素对经济效益的敏感性影响，确定了调整价格时应当关注的问题。此外，研究还考察了服务定价方式、用冷服务价格水平、服务费收取时间等因素对收费模式的影响。

3.2.2.6　前海区域集中供冷工程和服务监管

基于区域供冷的城市区域属性和市政公用事业属性，有效的政策支持和监管能规范监管前海合作区区域供冷系统建设、运营、服务质量和收费机制等，保障各方合法权益，确保区域供冷系统平稳运行的核心工作。基于上述研究，建议将区域供冷系统作为前海合作区重要的市政准公共服务产品，按照"政府主导、统筹规划、分步建设、市场运作"的原则在前海合作区范围

---

① 前海管理局. 前海合作区区域集中供冷定价及调价机制分析报告［R］. 奥雅纳工程咨询（上海）有限公司深圳分公司，2014.

内建设，明确参与主体的分工和职责，确定政府审批事项、经营权授权、收费定价原则、奖惩机制等关键问题。

3.2.3 实施制度、体制与机制研究

在上述研究基础上，前海管理局于 2017—2019 年进一步委托中节能城市节能研究院有限公司和北京观韬中茂律师事务所开展了前海合作区集中供冷经营权授予、运营、监督管理机制等课题研究，对以下四方面问题进行了全面分析和论证。

3.2.3.1 运营方案与经营权授予机制研究

通过对香港启德发展区、重庆市江北城 CBD 区域、北京中关村广场区域、广州珠江新城等 10 个典型项目案例进行分析，剖析了"设计、建设、运营相分离"（Design-Build-Operate，DBO）、传统公建公营、政府与社会资本合作、社会主体独立投资、授权经营（Authorize-Build-Operate，ABO）五大运营模式及其特征，结合前海项目特征对比分析社会主体独立投资、授权经营两类模式的适用性和差异。

3.2.3.2 集中供冷监督管理研究

从理论视角分析了区域供冷的准公共产品性、公益性等基本属性，提出了对集中供冷进入、反垄断、价格、服务质量、安全、规划建设等进行监督管理的必要性，同时提出要构建"制度—体制—机制"三位一体的监管体系。在借鉴供热、排水、天然气等网络型公用事业监管经验的基础上，提出了监管体系建设思路（以市场为导向，破除体制性障碍；要始终重视区域供冷的公益属性；促进国外成熟监管机制的本土化）和七大建设原则（公平，透明，专业化，独立，诚信，一致性，可问责性）。

3.2.3.3 管理职能分析

通过对国家和前海合作区法律法规的梳理和典型案例的分析，确定了前海管理局、下属处室以及前海建投集团在集中供冷事业中的职责分工。对于前海管理局而言，其在集中供冷事业中主要履行行政管理职责，包括投资项目的可行性论证、投资计划管理、投资监管职责和投资项目的后评价管理等；对于前海管理局相关部门而言，将按照相关职能，共同支持前海集中供冷事业的实施，并履行必要的监管职责；对于前海建投集团而言，将具体承担供冷设备投资开发、与用户签署协议等职责工作。

3.2.3.4 财税政策、公共空间、产权界面等研究

从现行的法规制度和规划文件出发，重点分析了低负荷条件下财税配套制度及基金管理制度、公共空间纳入集中供冷分析、产权界面及维护管理界面分析、集中供冷价格管理体制机制分析等四方面内容。主要内容和结论如下：①对于低负荷条件下财税配套和基金管理制度而言，不建议管理局对集中供冷前期低负荷情况提供政府补贴，建议供冷单位自行酌情申请创新创业或节能减排专项资金支持，享受"两免三减半"和低碳环保行业税收优惠的高新企业待遇。②对于公共空间纳入集中供冷的范围分析，重点论证前海新区地铁站、地下人行通道采用集中供冷的可行性和必要性。③对于产权界面及维护管理界面而言，从参与方的角度将前海合作区集中供冷项目产权界面按照投资主体进行了划分，明确了不同资产设备的产权和管理主体。④对于集中供冷价格管理体制机制，综合市场化定价法律法规分析和比较分析国内同类项目收费标准，提出了"初装费+冷量使用费"两部制收费[①]标准；综合总体投资收益情况预测，提出将管网及土建纳入财政投资的市政公共配套建设的必要性，并对项目收益率、限价要求及调价程序等制定了合理化流程。

---

① 两部制收费，即供冷单位向用冷单位收取"初装费"和"冷量使用费"。初装费按照供冷面积收取，在开发商物业建成后接入集中供冷系统前一次性收取。冷量使用费按照用户实际使用冷量计收，在集中供冷项目运营期间按月收取。

3.3 "政府—市场"双重治理制度与模式设计

深圳市前海管理局确定了"以政府主导、社会参与、市场运作推动整体开发"的实施模式，实现了"政府—市场"双重治理，有效地保障了前海区域集中供冷事业的落地和持续运营。其参与各方之间的关系如图 3-3 所示。

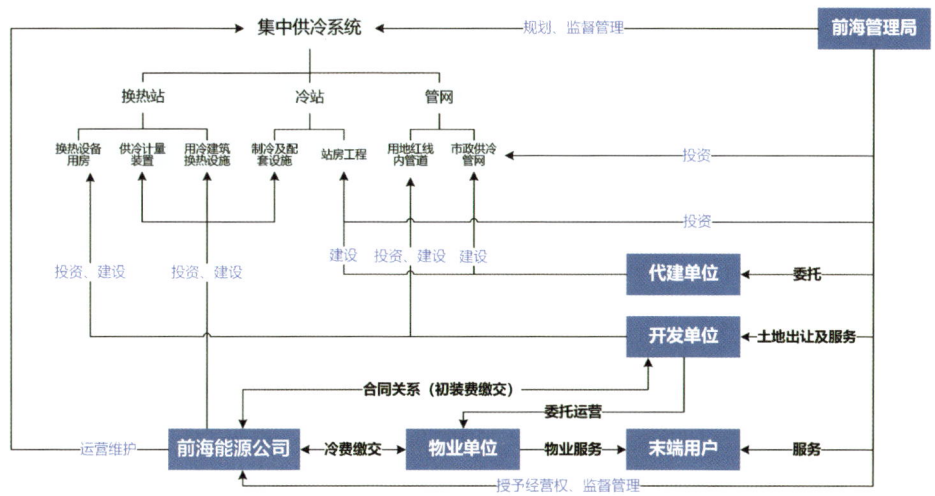

图 3-3　前海区域集中供冷各方的关系

3.3.1 政府主导：充分发挥政府职能

在前海区域集中供冷实施中，政府的主要职能表现在以下方面。

（1）专项规划

在上述研究基础上，前海管理局确定前海区域集中供冷实施规划，并负责指导、协调区域供冷涉及招商引资、项目立项、土地出让、规划设计、建设及验收等环节的相关事项，比如集中供冷的专项规划编制组织、区域供冷系统的实施方案审定、建设计划制定、供冷单位与用户的供用冷标准合同模板制定等。

（2）锁定用户

由于集中供冷服务在我国出现时间较短，公众接受度仍有待提升，通过纯市场化的用户开拓策略仍面临诸多局限。为了促进区域内用户接入集中供冷系统，前海管理局将使用集中供冷的要求在用地规划条件中予以明确，并纳入土地出让合同约定条款中。

（3）投资附建和管网

由于项目投资额巨大，供冷单位采用分期建设方式以节约资金。但分期建设仅能缓解企业资金压力并减少固定资产折旧，难以从根本上保证区域供冷费用具有竞争力。鉴于区域供冷项目的市政公用事业属性，为确保可持续发展，前海管理局承担了冷站土建和市政管网的投资费用。政府部门负责区域供冷系统市政供冷管网及冷站站房工程部分的建设，并拥有产权，同时保障市政供冷管网与相关市政道路同步规划、同步设计、同步施工。供冷单位可通过主管部门授权，无偿获得冷站站房及市政供冷管网的使用权，承担冷站设备系统的投资、安装、调试以及冷站设备、站房、市政供冷管网的运营和维护费用。

（4）行政监管

政府负责区域供冷系统的投资、建设、运营、服务、收费机制等方面的监管工作，主要包括价格监管和服务质量监管等方面。在价格监管方面，由于供冷收费方案由组织实施单位或供冷单位制定，供冷服务的定价权在于供冷单位。为保障用户利益，在定价时依据"保本微利"原则进行监管，使供冷单位在提供服务时盈利但不暴利。在服务质量监管方面，为提升供冷服务效果，前海管理局在前期研究的基础上积极探索如何对区域供冷单位及其服务进行评价与考核，逐步建立信息披露机制，保障公众的知情权和公共利益，并允许用户就供冷质量、服务、收费等问题向主管部门或者其他有关部门提出意见或建议，维护用户及其他相关方的合法权益。

3.3.2 社会参与：组建专业化企业

在相关研究的基础上，前海管理局决定将经营权授予局属企业，即前海建投集团。在此基础上，前海建投集团综合前期研究成果，决定成立深圳市前海能源科技发展有限公司。前海能源公司作为主体，承担区域内冷站的投资、建设、运营工作。前海能源公司作为项目开发、建设和运营等工作的集成方，主要承担以下职能和工作：

①负责落实前海深港合作区区域供冷系统的专项规划,确保向用户及时供冷;

②制订区域供冷系统实施方案、建设计划、供冷单位与用户的《供用冷合同》示范文本;

③负责冷站制冷及配套设施、供冷计量装置、用冷建筑换热设施的投资与建设;

④负责供冷设施的维护与管理、确保安全生产,为用户提供不间断、安全、可靠、高效的供冷服务;

⑤持续对区域供冷系统进行必要的节能改造和技术更新,确保供冷服务能够持续满足规划要求;

⑥与用户签订《供用冷合同》;

⑦供冷单位应当建立信息公开制度,保障公众的知情权、建议权和监督权,保证公共利益不受损害,维护用户及其他相关方的合法权益不受损害。

3.3.3 市场运作推动整体开发:综合措施保障

3.3.3.1 通过市场化定价保障各方利益

前海区域供冷作为市政基础设施,具备准经营性质。在前海管理局规划研究的基础上,如何在实施过程中确定定价收费及调价机制是比较复杂的过程。由于市政基础设施的自然垄断性,这就需要在政府主导的基础上,让用户与供冷单位进行市场化定价。在初期,前海能源公司计划采用珠江新城供冷项目的定价方式确定供冷价格,希望政府物价主管部门能够批复一个价格(上限价)。但根据《广东省定价目录》,区域供冷项目不在政府指导价、政府定价范围内。最终,根据深圳市政府办公厅批复,前海区域集中供冷采用市场化定价,即先由供冷单位提出收费方案,与用户协商后确定收费,但市场化需接受政府监管。

以"政府主导,市场运作"为原则,在具体市场化定价方式中,如何保证用户利益?如何在供冷单位—用户双方间取得平衡?这是一个难题。对此,前海能源公司请广州中职信会计事务所进行收费方案研究，编制了《前海合作区区域供冷项目收费方案》，确定了两部制收费方案。为确保公正性和公开性，在测算过程中与用户进行积极沟通，测算获得的所有成果数据都向主要用户公开。最终结果由前海管理局审核后，认同第三方收费方案研究的定价。

在具体收费方案中，按照供冷服务面积向开发商收取供冷初装费，用以弥补集中供冷项目建设过程中部分投资成本，在开发商物业建成后接入集中供冷系统前一次性收取。供冷服务面积是指用户项目在《建设工程规划许可证》中规定的建筑面积、接入集中供冷冷源的核增建筑面积之和。冷量使用费按照用户实际使用冷量计收，用于覆盖集中供冷项目运营变动成本，在集中供冷项目运营期间按月收取。

3.3.3.2 用冷合同提前锁定需求

在区域供冷系统运行前，供冷单位、用户双方应协调确认冷源与用户空调末端的技术接口，保障供用冷工作顺利开展。在系统正式运行时，用户则依据"谁使用，谁付费"的原则支付使用费用，同时负责用冷建筑用地红线内供冷管道、换热设备用房及配套的电源、水源以及用户末端设备等的维护与管理，并应为供冷单位维护、管理供冷计量装置和用冷建筑换热设施，检查和监督用冷建筑用地红线内供冷管道的维护管理工作提供便利；用户有权就供冷质量、服务、收费等向主管部门或者其他有关部门提出意见、建议或投诉。此外，供冷单位依照合同履约，建立完善的质量保证体系、安全生产管理体系和应急服务机制，定期对系统进行节能改造和技术更新，确保为用能单位提供安全、稳定、高效的供能服务；坚持不懈对区域供冷系统实施必要的节能改造和技术革新措施，确保供冷服务能够持续满足规划要求；建立信息公开制度，保障用户的知情权、建议权和监督权，保证用户的公共利益与合法权益不受损害。

3.4 前海区域集中供冷管理办法与监管制度研究

3.4.1 前海区域集中供冷管理办法的研究过程

3.4.1.1 前海区域集中供冷研究依据

2013年6月,深圳市政府在批复《前海合作区综合规划》(以下简称《综合规划》)时,明确要求前海管理局探索高密度开发的低碳生态城区建设模式。《综合规划》中低碳技术专篇第73条要求:"结合建筑或市政基础设施建设冰蓄冷等分布式能源设施,并可根据实际需要研究采用区域供冷及多种建筑节能技术。"

3.4.1.2 前海区域集中供冷专项研究

2014年8月—2015年6月,奥雅纳工程咨询(上海)有限公司深圳分公司先后完成了前海合作区区域供冷规划布局、系统可行性、系统建设与运营可行性、供冷技术标准及设计导则、供冷定价及调价机制分析、供冷管理办法等研究,共输出了六项成果。供冷管理办法重点研究的核心问题见表3-2。

表 3-2 区域供冷管理办法重点研究内容

核心问题	关键内容
谁投资、建设与运营区域供冷系统?谁监管?	①投资、建设与运营的责任主体及确定方式 ②投资与建设界面划分 ③监管主体、内容与方式 ④用户范围
如何规划与建设区域供冷系统?	①供冷范围 ②规划的主体 ③编制规划的依据 ④建设规划 ⑤使用权管理界面与管理费用界面
如何供冷与用冷?如何保证区域供冷系统的安全性?	①集中供冷系统、设备、装置的检测、保养与更新 ②系统安全性的保证机制与制度 ③供冷单位、用户和其他组织或个人的行为规范及限制行为

续表

核心问题	关键内容
如何进行收费与价格调整？	①定价原则 ②收费模式及标准 ③调价机制
供冷设施如何管理？	运维与管理界面的划分
谁监督？如何监督？	①信息公开制度的建立与投诉举报的受理 ②监督的主体及监督内容 ③评价与考核方式

2015年6月，前海管理局审议了《区域供冷管理办法》（以下简称《办法》），原则通过《办法》。要求《办法》和定价事权等事项结合市法制办意见报市政府审定。2016年1月，市政府办公厅回复：①前海区域供冷事项无需报市政府审批，由前海管理局参照公用事业特许经营条例有关规定确定经营者。②实行市场定价，对经营者服务质量和供冷价格实施监管。③请前海管理局认真研究和完善集中供冷管理机制。

3.4.2 前海区域集中供冷全过程监管机制研究过程

3.4.2.1 研究过程

前海合作区区域供冷项目作为前海合作区的市政基础设施，具有投资大、周期长、建设流程和外部环境复杂等特点。为使集中供冷的投、建、运各环节有序开展，前海管理局组织了对集中供冷项目的全过程监督管理研究（见图3-4）。

为有效开展监管工作，前海管理局委托咨询公司进行研究。研究内容包括供冷经营权授予机制研究报告、项目特性、运营方案研究报告、管理职能分析报告、集中供冷运营监督管理研究报告，通过多次的协调、沟通，形成最终研究成果。

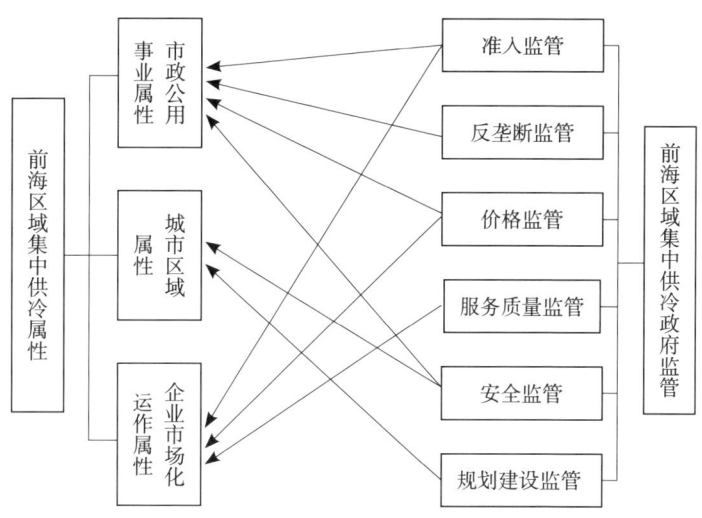

图 3-4　前海合作区监管机制框架

3.4.2.2　各方职责分析

前海管理局依照《深圳经济特区前海深港现代服务业合作区条例》设立前海合作区法定机构，根据《前海合作区条例》《深圳市前海深港现代服务业合作区管理局暂行办法》有关规定履行相应行政管理和公共服务职责。

根据深圳市政府办公厅对《深圳市前海管理局关于提请审议前海深港合作区区域供冷建设运营模式及冷价管理有关问题的请示》的回复如下：前海管理局享有相当于计划单列市的管理权限，由前海管理局确定经营者并对服务质量和供冷价格实施监管。因此，前海管理局是前海合作区区域供冷项目的行业主管部门。

（1）前海管理局在区域集中供冷项目中的职责

除承担行政管理和公共服务职责外，依据《前海合作区条例》和《前海管理局暂行办法》有关规定，前海管理局可以依法组建前海开发投资控股有限公司负责前海合作区内土地一级开发、基础设施建设和重大项目投资，前海管理局履行出资人职责。前海管理局在集中供冷事业中的行政管理职责见表 3-3。

表 3-3 前海管理局在集中供冷事业中的行政管理职责

机构	行政管理职责
前海管理局	供冷规划决策
	经营权授予决策
	项目立项批复
	制定规范供冷事业的法律法规
	研究制定与供冷相关的财税配套政策
	组建区域供冷监管机构
	负责对供冷机构进行监管
	接受和处理用户的投诉

前海管理局在区域供冷项目中的出资人管理职责依据《中华人民共和国企业国有资产法》和《企业国有资产监督管理暂行条例》，前海管理局作为前海控股公司的出资人，其在区域供冷项目中的主要职责包括：①投资项目的可行性论证，包括项目实施的必要性、技术与经济可行性、预期的投资收益、项目的风险评估及控制风险的措施等；②投资计划管理，包括投资方向、投资规模、资金来源、比重结构、进度安排和投资方式；③投资监管职责，包括审核控股公司年度投资计划、监督投资计划实施、分析评价投资效益、检查项目投资运作情况等；④投资项目的后评价管理。

（2）前海管理局下属处室在区域供冷事业中的职责

在区域供冷开发建设之初前海管理局下设多个处室，包括机关党委办公室、组织人事处、发展财务处、法治与社会建设促进处、香港事务处、自贸综合协调处、自贸制度创新处、保税港管理处、产业促进处、金融创新处、企业服务处、规划建设处、土地和房地产管理处、自贸新城建设指挥部办公室等。前海管理局下属处室在区域供冷事业中的职责见表3-4。

表 3-4 前海管理局下属处室在区域供冷事业中的职责

前海管理局下属处室	职责
规划建设处	编制供冷规划
	用地许可审批
	管网规划许可审批
	环境影响评价许可
	施工许可审批
	竣工验收备案
产业促进处	协助规划建设处编制供冷规划（市场调研）
	遴选潜在供冷单位（企业调研）
企业服务处	环境影响评价许可
	社会稳定性评价许可
发展财务处	负责区域供冷事业中的土地出让收入与管理
	管网建设资金管理
	控股公司的财务管理
土地和房地产管理处	负责供冷用地管理和选址工作
	土地使用权的划拨和出让工作
	用地预审及土地资产管理工作
法制与社会建设促进处	负责与区域供冷相关法律法规的立法与申报工作

（3）前海建投职责分析

前海控股于 2011 年 12 月 28 日正式成立（2021 年 3 月 24 日，公司更名为深圳市前海建设投资控股集团有限公司），深圳市前海深港现代服务业合作区管理局为全资股东，依法履行出资人职责。依据《前海合作区条例》和《深圳市前海深港现代服务业合作区管理局暂行办法》规定，前海建投负责前海合作区内土地一级开发、基础设施建设和重大项目投资。

（4）供冷单位职责分析

①根据授权经营协议，负责集中供冷系统冷站机电设备、换热站设施及

计量装置的投资与建设；

②组织人员积极开发用户，统计用户供冷需求，有计划地建设区域供冷系统，避免发生设备闲置情况；

③与用户签订供用冷协议，并向用户收费；

④运行区域供冷系统，依据用冷合同向用户提供稳定、可靠、持续、保质的供冷服务，并实施计费及故障排除等。

⑤制定安全生产规程与应急预案，保障在特殊情况下具备供冷能力；

⑥协助新用户接入；

⑦接受用户及社会公众的投诉，并妥善处理。

3.4.2.3 监督管理实施细则的研究

监督管理细则具体包括：①建立市场准入与退出机制；②建立透明的价格管理机制；③完善供冷品质及供冷效果监管机制；④建立安全生产运行监管机制；⑤建立以用户满意度为主要内容的考核评估机制。

PART 4
第 4 章

前海区域集中供冷实践的系统分析

4.1 "投—建—运"一体化

4.1.1 全生命周期集成化管理

"投—建—运"一体化遵循区域供冷系统的全生命周期集成化管理理念，即以区域供冷系统的规划、投资、设计、建造、运营为对象，以总体目标为导向，进行超越阶段、超越主体、超越职能的集成化管理。通过多部门协同的方式实现对供冷规划、设计建设和运营维护全生命周期的集成管理，以及工程社会效益和经济效益的双重目标。

4.1.2 前海区域集中供冷的价值交付

基于全生命周期集成化管理的思想，"投—建—运"一体化实现了从建设主导逻辑向价值交付逻辑的转变，如图4-1所示。

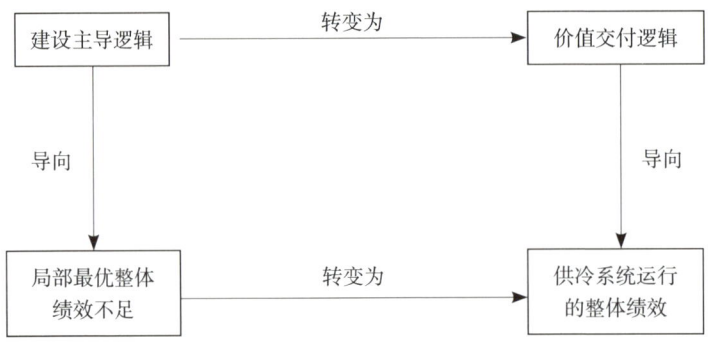

图4-1 建设主导逻辑向价值交付逻辑转变

4.1.2.1　传统的建设主导逻辑

建设主导逻辑旨在控制投资,并实现满足设计规范要求、依据施工图施工、满足验收要求等,最后交付区域供冷系统进行运营。该主导逻辑以各个阶段达到最优为目标,但从实际中来看,仅达到了整体系统的局部最优。常见的问题如下:

①设计主要是基于静态负荷需求的模拟计算。目前,由于设计单位普遍缺少租售市场的客户成长经验、客户实际使用习惯、客户用冷负荷情况等基于市场实际运行经验的数据支撑,且项目设计一般严格按照国家暖通设计规范进行,并首要考虑安全性,导致设计往往较为保守。此外,由于区域供冷的服务面积大,服务业态复杂且功能多样,因此区域供冷站与单体建筑冷冻机房在设计思路上也存在本质的区别。整体上,单体建筑冷负荷模拟主要参考传统的建筑用能负荷特征,对城市区域特征的考量较为薄弱,缺乏足够的大数据统计和分析;若依照分散的小型系统进行计算,对城市区域特征缺乏充分的考虑,则容易造成投资和运营成本偏高、能耗过大等问题。

②设计对施工和运营的考虑不周全。由于设计、施工、运营三个环节的主体责任经常由不同主体单位承担,上游工序和下游工序是单向串联进行的,易造成各环节经验阻塞,需求与产品相互脱节的普遍现象。设计过于注重理论的合理而缺少对施工的可行性研究,对运营单位的实际使用需求更加不了解。

③施工单位基于施工图进行施工,缺乏参与设计的主动性,就会造成对前置设计优化的参与主动性不足。施工单位自身的能力差异,对项目最终质量的影响也非常大。

④运营单位在前期的设计、建造过程中参与度极低,往往是在施工完毕、接受移交后才开始熟悉项目和产品。

⑤存在重技术轻落实、重工程轻运营的问题,这也容易导致设计、建设与运营结果出现偏差。

传统建设主导逻辑的关键问题是缺乏全生命周期视角,导致各阶段的工作相对割裂,融合度较低。

4.1.2.2 价值交付的逻辑

价值交付的逻辑以价值交付为总体目标，注重为用户提供优质服务。区域供冷的安全、可靠、及时、经济、绿色目标统领整个供冷系统的规划、投资、设计、建造和运营阶段，同时各阶段的实施也都为实现总体目标而服务。供冷单位从全生命周期管理的角度，集成全生命周期各阶段工作，进而采用全生命周期成本管理、全生命周期设计管理、全生命周期质量管理。

4.2 前海区域集中供冷的总体目标

前海区域集中供冷的总体目标包括安全、可靠、及时、经济和绿色，前海区域供冷全生命周期管理见图4-2。总体目标引导规划、投资、技术、建造与运营全生命周期过程，不同目标涉及的关键事项见表4-1。

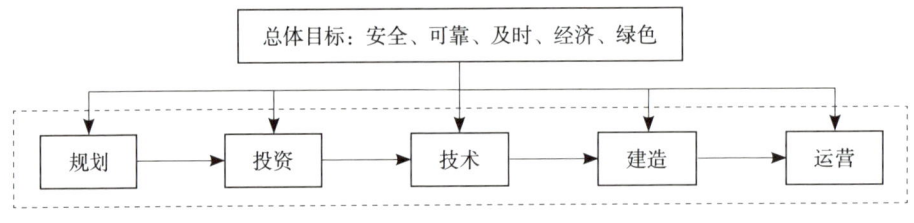

图4-2　总体目标引导下的全生命周期管理

表4-1　前海区域集中供冷的总体目标

目标	定义	关键事项
安全	设计、建造、运营安全	①充分研究供冷区域内用户的负荷特征、用冷习惯，保证冷站供冷能力与用户需求匹配，保障用户的供冷安全； ②设置双回路供电、双市政供水、供冷管网环状布置等，确保外部能源环境安全可靠； ③在供冷管网设计上考虑输送的安全性，当局部供冷管网发生事故时，用户供冷不能中断； ④按照生产运营需求，在设计阶段考虑建设完善的检修维护空间和生产辅助设施，保障生产人员的安全； ⑤注重噪声及环境治理，确保生产过程中噪声达标、排放达标，不影响周边环境；

续表

目标	定义	关键事项
安全	设计、建造、运营安全	⑥施工阶段重点关注：大型设备运输吊装安全、机房高空作业安全、蓄冰池有限空间作业安全、焊接动火作业安全、施工临时用电安全等； ⑦运营阶段重点关注：供冷管网的安全运行巡查、极端天气的应急处置措施、冷却塔运行引起的噪声与公共卫生安全以及风险应对等
可靠	运行的连续性和稳定性	①统一区域内冷站及管网设计标准、建造标准，确保整个供冷系统的连通和衔接无障碍，提高安全性； ②制冷工艺系统要选用成熟、稳定、可靠的技术方案； ③冷站工艺系统设计合理，适当冗余，保证生产运行可靠、稳定； ④工艺系统采用自动化控制设计，保障生产过程稳定、高效； ⑤严格落实设备维护保养和定期检测要求，及时发现和消除隐患，保证设备的完好率
及时	客户需求响应的及时性	①跟踪片区土地出让情况，研判用户建设计划，提前策划冷站建设和管网建设时序，确保实现对用户的供冷承诺； ②当供冷站或供冷管网建设时序与用户需求难以匹配时，通过针对性地制定临时供冷预案、永久与临时结合施工方案等保障供冷及时性
经济	运营经济性及用冷经济性	冷站提高运营经济性的措施： ①研判用户成长情况，供冷站设备分期安装投运，提高整体投资经济性； ②采用水蓄冷、吸收式制冷、海水冷却等多种适用的技术方案，降低制冷成本，提高经济性； ③按照全生命周期成本最低的原则，采用高质量、高能效、安全保障高的工艺设备，保证设备运行高效节能； ④研究分时供电规则，匹配可灵活应对的供电系统，动态调整工艺系统运行策略，降低用电成本，取得最佳效益； ⑤研究和预判用户用冷趋势，根据不同季节、不同时间段，制定相应的运行策略和供水温度控制，精准供能，减少运行能耗。 客户用冷经济性的体现： ①区域供冷冷源服务的全生命周期内，用户缴纳的初装费不高于用户自建冷源系统的成本，缴纳的冷量使用费不高于用户自行运营的成本； ②政府投资供冷站站房土建工程和市政管网设施，减少供冷系统整体投资，降低用户用冷成本； ③采用区域供冷后，用户无需建设空调机房，可节约用地、减少运维人员，节省运营开支
绿色	高效、节能、降碳	①对比自建空调系统，采用区域供冷可减少片区整体装机总规模，减少冷媒充注用量和冷媒泄漏风险； ②余热、余冷利用，工艺选择需充分考虑能源梯级利用； ③区域供冷采用大规模储能设施，储能对电网侧电力移峰填谷有较大贡献，减少发电企业二氧化碳排放量，节能减碳

（1）安全性

安全性主要指系统运行安全和对第三方影响。

①系统运行安全。常见风险有火灾，如电气设备运行引发火灾、动火作业引发火灾；水浸，如管道破裂造成水浸、暴雨造成水浸；窒息，如冷媒泄漏达到一定浓度引起缺氧窒息。

②对第三方的影响。常见风险有冷却塔运行产生噪声、振动、漂水，冷却水滋生军团菌；市政供冷管道修复造成道路开挖，影响交通及出行安全。

（2）可靠性

可靠性主要指防止发生供冷中断。引发供冷中断的因素可分为外部因素如停水、停电，以及内部因素如设备故障、管道泄漏等。按照供冷系统故障发生的位置不同，具体可分为发生在供冷站、发生在市政供冷管网、发生在用户换热间等原因。供冷可靠性风险分析见表4-2。

表4-2 供冷可靠性风险分析

对象	风险项	风险分析
供冷站	设备故障	①制冷设备包括冷水机组和蓄冰装置，可单独供冷或联合供冷； ②蓄冰装置为镀锌钢管和混凝土水池，静态设备发生故障的概率极低； ③板换故障导致冷量无法传递到供冷管网； ④水泵故障； ⑤管道故障
	停电	①市政供电发生故障； ②供冷站内电气设备发生故障
	停水	市政供水中断导致冷却水或冷冻水补水量不足
市政供冷管网	市政供冷管道泄漏	①因地质沉降引发管道断裂； ②因外部施工破坏导致管道泄漏； ③因长时间运行导致设备老化，出现泄漏
用户换热间	设备故障	板换故障导致冷量无法传递到用户侧

(3) 及时性

以客户需求为导向，特别是保障供冷区域内首个用户的供冷需求。

(4) 经济性

①用户角度的经济性。主要体现在接入价格和使用价格的定价方面，需满足两个"不高于"的要求。

②供冷单位角度的经济性。主要体现在通过精细化运营管理，降低供冷成本。

为实现经济性，要求从规划、投资、设计、建造、运维全生命周期进行综合考虑。在冷站规模化、集约化设计上，为客户节约设备购买资金、运维管理费用、建设投资资金。

(5) 绿色

主要体现在高效、节能、降碳。

4.3 前海区域集中供冷的技术系统与技术标准

4.3.1 前海区域集中供冷的技术系统

前海区域集中供冷包括供冷站、市政供冷管网和用户换热站三个基本组成部分。前海区域集中供冷系统工作分解结构（work breakdown structure，WBS）见表4-3。

表4-3 前海区域集中供冷系统WBS分解

第1层	第2层	第3层
供冷站	供冷站土建	主体结构工程（主体配建设施）
		供冷站建筑及一次装修工程（主体配建设施）
		供冷站二次装修工程
		设备基础及钢结构工程
		防水保温工程
	供冷站设备及配套设施	主体消防系统（主体配建设施）

续表

第1层	第2层	第3层
供冷站	供冷站设备及配套设施	供冷站消防设施
		变配电系统
		给排水系统
		通风空调系统
		智能化系统
	制冷工艺系统	冷冻水系统
		冷却水系统
		蓄冰装置及乙二醇系统
		制冷工艺配套变配电系统
		工艺自动控制系统
		外管网输配水系统
市政供冷管网	市政供冷管道	管道及其附属设施
		管网泄漏报警监测系统
用户换热站	板换及板换一次侧设备	板式换热器
		供冷计量及控制设备

4.3.2 前海区域集中供冷的技术标准

为实现区域供冷安全、可靠、及时、经济、绿色的总体目标，前海能源公司组织编制了企业标准《深圳市前海深港合作区区域供冷技术规程》（2018），该规程结合了前海规划、建设、运营的实际情况，主要技术内容涵盖区域供冷的规划、设计、施工、运行以及BIM（Building Information Modeling）要求等内容，统一技术要求和建设标准，用于指导前海区域供冷项目的用户单位、设计单位、施工单位的建设过程。前海能源是深圳地区首个区域供冷项目建设和运营单位，具有丰富的区域供冷投资、建设、运营经验。为推广、规范和指导区域供冷项目建设，深圳市住建局邀请前海能源公司作为主编单位编制了深圳市工程建设地方标准《区域供冷系统技术规程》（SJG 161—2024），该标准已于2024年7月1日起正式实施。

4.4 前海区域集中供冷的工作活动分解与管理制度体系

4.4.1 前海区域集中供冷的工作活动分解

按照工程活动划分情况，具体分解结构见表 4-4。

表 4-4 前海区域集中供冷的工作活动分解

序号	第 1 层	第 2 层
1	前期策划	供冷规划
		专项研究
		经营权获取
		可行性研究
		项目立项
2	设计	方案设计
		初步设计
		施工图设计
3	成本管理	初步设计阶段目标成本、合约规划
		施工图设计阶段目标成本、合约规划
		施工合同结算
4	招投标采购	设计单位招标
		施工总包招标冷站机电工程招标
		监理招标
		主机招标
		冷却塔招标
		蓄冰装置招标
		变压器招标
		配电柜招标
		自控集成及能源管理系统招标

续表

序号	第1层	第2层
5	报批报建	方案设计审查（如需）
		初步设计审查（如需）
		施工图审查（如需）
		节能审查
		环评审查（如需）
		工规许可申请
		供电报装
		施工许可申请
		质安监登记
		特种设备报装
		特种设备备案
6	施工阶段	供冷站土建工程接收
		机电安装进场（正式）
		主机房区域机电安装（含管道）
		系统通水试压
		蓄冰池内区域机电安装
		冷却塔区域安装
		电气用房区域机电安装
		电气测试、验收及送电
		智能化系统安装
		电梯工程（如需）
		室内二次装饰工程
		调试（含单机和联合调试）
7	验收移交	运行管理权限移交
		节能验收
		环保验收
		初步验收
		竣工验收
		工程移交

续表

序号	第1层	第2层
8	运营与维护	运营管理策划
		运行管理方案及技术保障措施
		试运行
		设备维护管理
		应急管理
		客户投诉管理
9	项目管理	设计阶段项目管理
		招标采购项目管理
		施工阶段项目管理
		验收移交项目管理
		信息化平台建设项目管理

4.4.2 前海区域集中供冷的管理制度体系

标准化建设是提升工程建设效益，确保目标实现的重要手段。前海能源公司按照管理过程，建立了体系性的制度，其中包括：

①在投资规划方面，制定和实施《投资管理办法》《项目立项评价标准》《运营类固定资产项目投资决策评价标准》《节能改造类项目投资决策评价标准》等系列管理办法，完善相关标准化管理流程。

②在技术管理方面，组织编制和实施《深圳市前海深港合作区区域供冷技术规程》《前海集中供冷管网工程技术规范》《附建式冷站建设及移交工作指引》《冷站工艺系统调试指引》《区域供冷站标识系统编码规则指引》《区域供冷设计任务书》等系列技术文件。

③在项目管理方面，先后制定和实施《冷站建筑工程建造指引》《供冷管网工程管理工作指引》《建设工程材料设备管理指引》《前海区域集中供冷站土建工程移交作业指引》《代建及配建供冷管网工程项目管理工作指引》《前海区域集中供冷区域供冷用户换热站工程管理作业指引》《冷站外电送电流程

工作指引》《前海区域集中供冷冷站设备工程完工移交运营作业指引》等系列管理办法，完善相关标准化管理流程。

④在生产服务方面，先后制定和实施《生产运行交接班管理规定》《设备（施）巡回检查管理规定》《运营项目安全质量工作指引》《2号供冷站6S管理指引》《运营服务供应商管理工作指引》《市政供冷管网抢修应急预案》《生产运营场所应急处置管理规定》《突发事件综合应急预案》等系列管理办法，完善生产服务标准化管理流程。

4.5 前海区域集中供冷的参与主体

4.5.1 核心参与主体

（1）前海管理局

前海管理局作为区域供冷系统的政府主管部门，负责前海合作区区域供冷项目的规划制定、经营权授予及监督管理工作，以及区域供冷系统市政供冷管网及供冷站站房土建工程的投资。

（2）供冷单位

供冷单位从事区域供冷站内工艺设备工程投资及区域供冷系统的建设、运营、服务等活动，作为区域供冷系统产品或服务的提供者，为用户提供优质的供冷服务。

（3）客户

广义的客户包括物业开发单位、物业运营单位、终端用户三方。在两部制收费模式下，供冷单位与开发单位签订供冷接入协议。在供冷服务期间，供冷单位与物业单位签署《供用冷服务合同》。终端用户是直接购买或使用工程最终产品（即服务）的人或单位。客户决定工程产品的市场需求，决定工程产品存在的价值。

（4）代建单位

代建单位是委托单位（即项目建设单位）通过公开招标或直接委托的方

式选择项目管理单位。代建单位按照合同约定履行建设管理职责,严格控制项目投资、质量、安全和工期,竣工验收后移交委托单位。

(5)配建单位

配建单位是依照《土地出让合同》中约定的市政公用配套设施建设内容,依规划进行开发建设,建成后无偿返还政府的物业开发单位。

(6)参建单位

参建单位主要包括设计单位、施工单位、材料设备供应单位、监理单位等。各参建单位与代建单位、配建单位或供冷单位签订合同,履行合同约定的责任和义务。

4.5.2 其他利益相关者

(1)区域供冷系统所在地政府以及为工程提供服务的政府部门

政府在工程中的角色具有多重性。政府通过相关工程法律、制度,实现对工程活动的监督和管理(如对招标投标过程的监督和工程质量的监督),并保护各方利益,确保工程的顺利实施。作为城市建设的规划者、组织者、审批者,政府相关部门负责如立项审批、城市规划审批、发放工程所需要的各种许可等工作。

(2)区域供冷系统所在地周边组织

区域供冷系统所在地周边组织包括施工阶段所影响到的组织,如居民、用户等,以及运行阶段噪声可能影响到的组织。

(3)其他利益相关者

区域供冷系统全生命周期过程所涉及的自然环境和社会公众,如新闻媒体、非政府组织、非营利组织等。

PART 5
第 5 章

前海区域集中供冷的客户服务

5.1 城市区域集中供冷客户服务的特征与挑战

（1）客户对安全性、可靠性、及时性、经济性的诉求敏感

客户在安全性、可靠性、及时性、经济性等方面都有突出的诉求，在为客户服务过程中需要充分回应这些诉求，以提高客户满意度。尽管客户的核心需求集中在安全性、可靠性、及时性和经济性上，但不同客户主体的具体需求存在差异。例如，开发单位更关注集中供冷的初始投资、建设进度的协调、土地利用效率和环境改善等；物业单位重视集中供冷的可靠性、经济性和专业服务；终端用户重视集中供冷的舒适性、可靠性、经济性以及服务品质。当不同客户主体分属于不同单位或同一单位的不同部门时，容易产生沟通上的障碍，这些综合性诉求必须在服务过程中进行综合考虑。

此外，不同主体对某个维度目标（如经济性）的理解和视角也存在差异。例如，供冷单位经济性测算是基于全成本、全周期的测算，但对客户来说经济性是割裂的。开发单位关注初期投资，物业单位关注运营期的成本，终端用户关注收费。为消除这种差异性带来的影响，供冷单位需要进行持续、反复的沟通交流。

相比较，客户对区域供冷的准公共服务属性敏感度偏低。虽然区域供冷具有准公共服务属性，但相较于经济性、稳定性等方面的诉求，整体上客户在区域供冷的社会效应方面并不敏感。例如，某些客户对自身用冷有特殊要求，通常都会先考虑自建冷源。面对这样的情况，在为客户服务过程中需要

持续地沟通。

（2）客户内部关系复杂

广义的客户包括开发单位、物业单位、终端用户三方。在两部制收费模式下，供冷单位与开发单位签订《供用冷合同》，收取初装费；在供冷服务期间，供冷单位与物业单位签署冷费缴交协议，收取冷量使用费；物业单位与末端用户有合同关系，负责末端用户的用冷。

①由于开发单位和物业单位分别负责项目的不同阶段，因此开发单位和物业单位之间容易形成责任分歧。即使同为房地产集团旗下的开发单位和物业单位，因二者之间仍进行独立财务核算，这种界面划分会在供冷单位、开发单位、物业单位之间形成沟通障碍，不利于管理。

常见的开发单位与物业单位的关系有两种，一种是物业单位属于开发单位的下属公司，另一种是开发单位采用外包的物业单位。这两种关系在用冷费用的核算上存在差异，一般前者采用包干制，后者采用酬金制。包干制下，物业单位对用冷费用敏感；而酬金制下，物业单位对用冷费用敏感度相对较低。

②供冷单位与终端用户之间缺乏直接的合同关系，这影响了双方的沟通效率和问题解决速度。虽然供冷单位与物业单位签订《供用冷服务合同》，但物业单位并非终端用户，而是开发单位的运维部门或其聘请的外包物业单位。物业单位作为供冷单位与末端用户之间的连接点，由于供冷单位与末端用户无合同关系，当物业单位对自身"桥梁"角色理解不到位时，会造成"供冷单位—物业单位—终端用户"整个链条运行不畅。例如，由于供冷单位与终端用户无合同关系，理论上供冷单位对终端用户无权责上的约束，所以当实际中出现相关用冷问题时，处理将会比较复杂。例如，终端用户容易将用冷问题归咎到供冷单位；某些场合下，物业单位会将终端用户的投诉提交至供冷单位。物业公司向终端用户收取供冷费用，主要是按照面积收取"空调使用费"或按实际消耗流量收取综合供冷费。当供冷单位给物业单位提供优惠时，物业单位可能并未将优惠传递到终端用户，而供冷单位对此却毫不知情。

5.2 全过程客户服务旅程

5.2.1 从生产与销售冷源向供冷专业服务转变

考虑到城市区域供冷的准公共产品性和准经营性，城市区域供冷并非纯粹的生产与销售冷源，而是提供准公共产品，让客户在使用准公共产品过程中享受供冷服务。因此，城市区域供冷的准公共产品性具有产品与服务一体化的特征。供冷单位从准公共产品角度出发，免费提供空调末端的增值服务。

在从生产与销售冷源转向提供供冷专业服务的过程中，也实现了以下重要转变：①从商品到服务的转变，更注重供冷服务。集中供冷价值对于客户而言主要体现在使用价值上，即通过使用供冷服务所带来的价值。②从交易型到关系型的转变。供冷单位与客户不是一次性的买卖关系，而是需要建立长期的合作关系，并且这种合作关系是双向的。③客户不是被动地接受服务，而是服务价值的共同创造者。客户表达价值诉求，供冷单位给予反馈，双方在整个过程中通力合作，让客户成为服务价值的共同创造者。

5.2.1.1 全过程客户服务旅程的主要内容

全过程客户服务旅程是站在客户角度，借助不同接触点体验集中供冷服务的过程。其中包含几个关键内容：①客户的旅程是阶段性的，每个阶段都有侧重的工作；②每个阶段包含供冷单位与客户之间的接触点，双方通过接触点形成多个互动，并有效地管理接触点；③客户服务旅程的刻画是为了实现客户服务的目标，即提供专业供冷服务和为客户创造价值。全过程客户服务旅程如图 5-1 所示。

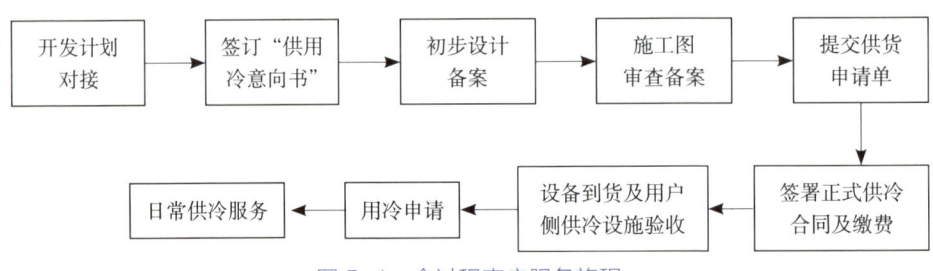

图 5-1　全过程客户服务旅程

全过程的客户服务目的是实现安全、可靠、及时、经济性，为达成这一目标需要进行全过程管理。首先，对客户服务行为进行规范，从开发计划对接到最终的日常供冷服务，全程进行标准化管理。其次，在过程环节中秉持开放交流和深挖客户需求的理念，及时处理供冷服务过程中的问题，提升客户满意度。客户服务过程中的主要工作与难点如表5-1所示。

表5-1 客户服务过程的主要工作与难点

阶段	主要工作	难点
开发计划对接	与客户沟通，了解地块开发初步计划和用冷需求	确保双方对集中供冷的理解和期望一致，避免沟通不畅造成误解
签订"供用冷意向书"	确立初步合作意向，收集相关供冷情况，明确双方的基本权利和义务	确保让用户理解意向书条款，避免用冷信息偏差过大
初步设计备案	完成初步设计图纸审核并进行备案，以符合相关技术规范	设计需满足规范和客户需求，备案流程可能耗时且复杂
施工图审查备案	完成施工图图纸审核并进行备案，确保设计合规	施工图设计需详尽且准确，备案过程可能涉及多个部门审批
提交供货申请单	根据项目需求提交供货申请，确保物资的采购和供应	供货型号、数量和质量需精确匹配项目需求，避免采购延误
签署正式供冷合同及缴费	签订供冷接入和服务正式合同，明确服务条款和费用	确保合同签订和费用支付节点及时，以免影响通冷时序
设备到货及用户侧供冷设施验收	接收设备并进行验收，确保设备符合标准	设备质量控制，及时处理到货问题，确保不影响后续供冷
用冷申请	处理客户的调试及正式用冷申请，确保服务及时启动	因建设时序问题，用冷时间不定，一直未能填写正式用冷申请
日常供冷服务	提供持续的供冷服务，确保客户满意度	服务的稳定性和可靠性，及时回应客户的需求

5.2.1.2 深挖客户需求，为客户创造价值

供冷单位的客户服务理念是"急用户所急，解用户所难"。在客户服务过程中，秉承该理念，深挖客户需求，力争为客户创造价值，获得客户的信赖。例如，针对新接入的客户，主动开展跨界服务，协助用户解决楼宇空调系统运行问题。此外，以积极主动的姿态，助力客户对末端空调的管理运营。例

如在 2 号站，多次跨界为客户解决二次侧空调效果不佳等问题。在紧急抢修和应急保障方面形成联动互助，通过为客户提供用冷前的系统培训，以及与客户建立稳定的联动协调渠道，形成了双方一线管理班组的默契配合。

从日常工作流程着手，不断深化服务内容和深度，形成较为成熟、可行的服务模式和程序。例如，在每月抄表过程中，同步开展板换间巡查工作，将抄表巡查过程中发现的异常情况及时向客户反馈。强化对抄表数据的核查和分析，对异常数据及时跟进处理，通过与客户的联动响应，及时查找原因并解决问题。

5.2.1.3 为客户提供一体化供冷服务

除主营的集中供冷业务外，供冷单位还需积极推动冷站末端一体化运营服务，不仅在前海区域负责多个末端的运营管理，同时对末端用户给予运营技术支持，协同用户共同提高运营效率。通过一体化的供冷专业服务，有效降低用户的空调使用费，让客户直接享受集中供冷的实惠。

5.2.1.4 专业高效的客户服务团队

客户服务的主要工作内容是沟通协调，因此需要专业高效的客户服务团队。围绕客户全过程旅程，供冷单位的各部门形成合力，力争为客户提供专业高效的服务。在 2022 年，鉴于客户数量的显著增长，前海能源公司进行了战略性的部门调整，将原本隶属于合作发展部的客户服务职能优化并转移至生产服务部。这一重大调整不仅彰显了公司对提升客户服务体验的高度重视，同时还成功构建了更加高效、顺畅的内外沟通机制。通过此次调整，外部客户的反馈与需求能够更直接、快速地传达到生产服务一线，同时内部各部门之间的协同合作也得以加强，形成了无缝对接的服务链条。

客户服务组的人员配置依据桂湾、前湾、妈湾三大片区进行区域划分，并深度融合市场拓展、收费管理、用户诉求管理三大核心职能，实现精细化的岗位部署与资源配置。

5.2.2 标准化的全过程管理流程和制度

5.2.2.1 制度规范

为加强和规范客户服务管理工作，提升客户满意度，客户服务的制度化非常关键。常见制度包括《市场客服管理规定》《客服岗合同签订与收款工作指引》《客户服务专用章使用管理指引》《客户投诉受理工作指引》和《营销工作管理办法》等。

《市场客服管理规定》主要针对客户关系的建立和维系工作。基本内容包括道德和技能，诚信服务，客服人员行为规范，用冷需求调研、合同签订、申请用冷与验收检查服务，变更、停冷、复冷服务，用户报修及检护服务，以及用户反馈机制。

《客服岗合同签订与收款工作指引》针对合同签订与收款方面，统一规范与客户在开发建设阶段的合同签订与收款工作流程，明确各自的工作内容与职责，对供冷单位与客户在建设开发阶段的合同签订与收款工作进行规定和说明。

《客户服务专用章使用管理指引》规范了客户服务专用章的管理与使用，提高了工作效率。该规定对客服管理部门在客户通知、收费等客户服务业务上所需用"客户服务专用章"的使用和管理进行了说明。

《客户投诉受理工作指引》统一规范供冷单位在客户投诉的接收、处理与回访上的管理工作，保障客户的合法权益，提高公司服务质量，提升客户满意度。该规定也对各部门工作职责、管理程序等内容进行了规定说明。

《营销工作管理办法》规范和统一了客户服务团队牵头的营销工作，以及围绕营销工作开展的市场研究、营销策划、收费管理和客户关系管理等相关工作。同时，明确了营销业务审批流程，促进了营销工作的标准化。

5.2.2.2 接入合同与供冷服务合同条款的持续优化

合同是维系供冷单位与客户的重要纽带，如何规范合同执行是供冷单位需要解决的关键问题。《供用冷接入合同》由开发商签署，主要包括用冷范围、地点、面积，投资、建设、管理、维护界面，服务费用，以及双方权利义务等。《供用冷服务合同》由物业单位签署，在《供用冷接入合同》的基础上明确了供冷服务期限、技术标准、供冷计量装置以及服务费用等内容。

以下两个具体案例展示了如何进行合同条款的优化，以便更好地规范各方行为，最终提升客户满意度。

案例一：开发单位与物业单位为独立法人情形下，接入合同和服务合同的相关条款优化

某项目调试完成后，前海能源公司向开发单位递交了调试期冷量费的请款资料。收到请款资料后，开发单位对调试期冷量费的金额并无异议，但提出项目《建设工程规划许可证》在双方签订《供用冷接入合同》之后有调整，这导致初装费计费面积及初装费金额均有变动，需要基于新的《建设工程规划许可证》对计费面积进行复核，并调整《初装费金额结算合同》。前海能源公司同意依据合同条款（条款 5.2.1：如该项目因故重新报规，则以之后获得批复的《建设工程规划许可证》中的面积指标为准，双方进行复核结算）更新合同附件《初装费面积计算书》。然而，对于更新后的计费面积，开发单位提出了与合同约定不符的诉求，对此双方存在争议。

虽然该项目的《供用冷接入合同》由于上述争议尚未完成结算，但是前海能源公司与物业单位已签订了《供用冷服务合同》，物业单位向前海能源公司提交了用冷申请。因此，前海能源公司希望暂缓通冷，并邀请物业单位一并与开发单位对《供用冷接入合同》中的结算事宜进行沟通。但由于物业单位与开发单位为两个独立法人，《供用冷接入合同》与《供用冷服务合同》无权责关联，最终三方沟通未果。在此情形下，前海能源公司依据《供用冷服务合同》约定向该项目正式供冷，而与开发单位之间的争议须继续单独协商。后续历经几个月的沟通和协商，开发单位同意依照《供用冷接入合同》约定以及相关政策规定对合同中的费用进行清缴。

该案例中，前海能源公司分别与两个主体签订《供用冷接入合同》与《供用冷服务合同》，且两份合同在条款上无权责关联，故无法形成相互制约。事后，前海能源公司对业务合同模板进行了修订，发布合同模板 V3.0。修订前，由开发单位签署意向书及《供用冷接入合同》、物业公司签署《供用冷服务合同》（适用于版本发布前已签接入未签服务合同的存量用户）。修订后，由开发单位签署意向书、《供用冷接入合同》和《供用冷服务合同》；如开发单位委托物管公司，则由三方签署补充协议（服务合同）（适用于版本发布前未签《供用冷接入合同》的新增用户，含全新及已签意向书用户）。此外，通过对意向书、合同和补充协议等条款进行修订，确保《供用冷接入合同》结清款项后可申请供冷，并由开发单位对《供用冷服务合同》的冷量使用费承担兜底责任。

案例二：开发单位与物业单位为独立法人情形下，初装费与冷量使用费选择上的争议

依据《前海合作区区域供冷项目收费方案》，在《供用冷接入合同》的收费标准中有如下约定：根据供冷收费方案，供冷服务费用分为初装费和冷量使用费两部分；在用冷接驳前，客户可在三种收费组合中任选其一，选定后将不可更改；除本合同另有约定外，以上单价不因任何因素而调整，收费方案见表5-2。

表 5-2　收费方案

	初装费（元/m^2）	冷量使用费（元/（kW·h））
方案一	135	0.56
方案二	125	0.57
方案三	115	0.58

在合同版本 V3.0 之前，可能出现开发单位和物业单位在商议各自合同时都希望最大化自身利益的情况。例如，在与开发单位签订《供用冷接入合同》时，开发单位为了降低初装费，选择使用收费方案三，即初装费按 115 元/m^2、冷量使用费按 0.58 元/（kW·h）计收。项目完成后，开发单位将物业整租给了 A 学校，学校自行管理运营，因而前海能源公司与 A 学校签订《供用冷

服务合同》，并由其缴纳冷量使用费。A 学校提出希望按照收费方案一中的 0.56 元/（kW·h）最低单价计收冷量使用费，而不是 0.58 元/（kW·h）。

对此，前海能源公司进行了解释。首先，依照与开发单位签订的《供用冷接入合同》，开发单位选定收费方案后不可更改。其次，三种收费方案不同的初装费均有对应的冷量使用费单价，该方案是通过前海管理局的可行性研究测算得到的，在《前海合作区区域供冷项目收费方案》中有明确规定，并在前海合作区内统一实行。

该问题主要出现在合同版本 V3.0 之前。之后通过对合同条款的修订，合同签署逻辑有所变化，即由开发商签署意向书、《供用冷接入合同》和《供用冷服务合同》；如开发商委托物业单位，则由三方签署补充协议（服务合同）。在该合同关系下，物业单位对收费方案不再有异议。

5.2.3 开放性沟通与交流

开放性沟通与交流是获取市场信任的重要手段。供冷单位保持各种形式的对外沟通和交流，积极获取市场对集中供冷服务的反馈，营造了良好的客户关系。营销的 4C 理论（customer，cost，convenience，communication）中两个 C 是关于客户与沟通的。客户维度强调以客户的需求为导向，满足客户的需求和期望。沟通维度是企业通过与客户进行积极有效且开放的双向沟通，建立基于共同利益的客户关系，在双向沟通中找到能同时实现各自目标的途径。

5.2.3.1 多渠道的市场开放交流

（1）开放参观

开放冷站参观是获取市场信任的重要方式。首个投入运营的 2 号冷站，截至 2023 年 5 月底，累计完成参观接待服务 410 余次，接待 5520 余人次。在接待服务过程中，供冷单位整理并总结了一套参观接待标准流程。通过有计划地动态调整照明、设置醒目的安全警示标识、进行系统功能及运行策略讲解等多元化的服务，持续提升参观品质和参观者的体验，助力公司品牌发展。

（2）举行开放日活动

2号冷站（即二单元冷站）于2017年12月7日举行了客户开放日活动（图5-2），旨在展示区域供冷建设成果。活动吸引了前海入驻企业、供冷用户和来自海内外同行业内的50余家单位的200余名嘉宾前来参观、访问，得到了业界和用户的高度评价。2019年7月，供冷单位举行了能源大家庭观摩前海城市新中心建设活动，80余名公司员工及家属参加了此次活动。这次活动首次搭建了企业、员工与家属间的交流互动平台，向员工家属展示了公司过去和未来的发展、前海城市新中心建设的成果，并取得了他们的理解和支持，增强了员工凝聚力。2023年6月24日，前海能源公司举办家属开放日活动。2024年7月12日，5号冷站迎接深圳高级中学30位同学开展暑期实践活动。

图5-2 二单元冷站客户开放日活动

（3）举办宣讲会

2019年5月，供冷单位在正式推出前海能源客户服务系统之际，举办了客服系统宣讲会。前海合作区土地开发建设单位腾讯、华润等50余名客户代表参加了此次会议。供冷单位与客户保持积极的沟通，以便有效地推进客服系统的使用。

2024年5月30日，前海能源公司举办了客服系统暨收费优化方案用户宣贯会。近70位前海区域供冷用户代表受邀参加会议，讨论集中供冷行业趋势和创新实践。会议以集中供冷宣传、客服中心揭牌、客服系统和收费优化方案宣讲为主要内容。针对客户关心的节能减碳效果、系统稳定性和收费方案的应用等问题展开了交流答疑，用户代表也积极参与讨论并分享了对集中供冷系统的理解和认识。此次宣贯会拉近了用户与前海能源公司之间的关系，同时也有助于前海能源公司不断优化服务，与用户共同推动区域能源的可持续发展。

5.2.3.2　与客户持续沟通，增加双向互动

客户的诉求各不相同，只有与客户保持紧密的沟通，才能了解客户的实际体验及感受，理解客户的实际诉求，从而提供更优质的服务。在与客户进行沟通的过程中，交流的形式非常多样，如主动拜访用户，制作宣传册等。通过宣传册，以趣味十足和通俗易懂的语言介绍集中供冷收费模式。此外，还组织了"送清凉"慰问活动、"走进前海集中供冷"客户活动、低碳节能宣传活动、客户服务系统发布宣讲会和党建活动等。通过各类活动加强与客户的沟通与联系，更具有互动性（图5-3）。

图5-3　节能宣传周活动

5.2.3.3　持续的客户满意度调查

针对客户服务过程，积极获取客户的满意度反馈。客户满意度调查包括合同履约环节、维保环节、服务投诉环节等，并通过调查细化了具体的满意

度评价指标，见表5-3。将客户满意度作为供冷服务质量考核评估的重要依据，将供冷服务质量考核评估结果与供冷单位的绩效及经营权是否具有可持续性相挂钩，可有效加强监管，并提升服务水平和质量。

表 5-3 客户满意度评价指标

环节	满意度指标
综合服务质量	服务主动性、服务及时性、服务有效性、服务态度
合同履约环节	接入及时性、供冷稳定性、供冷温度、供冷时间、收费服务
维保环节	响应及时性、维修速度、修理质量、收费情况、修理员服务态度
服务投诉环节	投诉单处理满意度、投诉时效满意度、处理结果满意度、接线员满意度、收费服务

为深入了解客户对区域供冷服务的满意程度，供冷单位定期发放客户满意度调查问卷。2023年12月27日，通过《客户满意度调查报告》统计得出，客户满意指数为95.12%，满意度得分为4.60分（满分5.00分）。其中，综合服务质量、合同履约环节和维保环节的满意度得分均高于4.60分，客户对区域供冷服务总体表示满意。

5.3 客户市场开拓

5.3.1 区域集中供冷市场开拓

虽然前海区域供冷在政策上有接入的要求，但用户对集中供冷总体较为陌生。此外，部分客户在自建冷源和集中供冷之间存在权衡和比较，导致积极性不高。如何开拓市场，以及通过开拓市场更好地服务用户是城市区域供冷亟需解决的问题。

前海区域供冷的客户大致分为四类。第一类为央企，如华润、招商地产等；第二类为国企，如深圳国际控股有限公司、深业集团有限公司；第三类为社会知名企业，如腾讯；第四类为专业地产商，如卓越集团。不同的客户类型，其诉求、内部组织关系等差异较大，给客户服务带来极大挑战。

根据经验，客户市场拓展的难易程度与所处的冷站位置关联不大，但与年份相关性较大。特别是供冷市场出现的早期，客户开拓较难，原因是市场对集中供冷的认可度不高，对供冷单位也不甚了解。在客户中存在一些行业领军企业，他们是行业的"巨无霸"，如何取得他们的信任是供冷企业开拓市场的重点。开拓标杆企业后，市场相对容易打开。比如，如果客户有疑问，供冷单位表明采用统一范本合同，并提供合同档案向客户开放和查阅，从而可以打消很多疑虑。

以下从时间轴上介绍几个关键用户的开拓过程。

（1）卓越集团

最初的市场拓展策略是瞄准标杆企业，通过签订标杆企业的方式形成示范效应。签约成功的第一个用户是卓越集团。刚开始与标杆企业交流时，面临诸多挑战，客户也存在众多疑虑。首先，初次对接时间为2016年，当时没有建成的冷站，只能口头描述集中供冷的益处，客户难以具象理解区域供冷的运作机制。2017年冷站建成运营后，供冷单位与用户交流的阻力相对减少，市场开拓比冷站未运营之前容易一些。同期正在开展价格相关课题研究，在冷站建设时，价格尚未完全确定。其次，2号冷站采用卓越集团大楼配建方式建设。前海能源公司成立时，卓越集团的大楼已经在建。如何依据冷站建设要求变更大楼设计及界面搭接问题，面临较大挑战。再次，前海能源公司刚成立，暂未取得市场信任。

理论上，每位客户只应签订一份《供用冷接入合同》，但与卓越集团却分阶段签订了多个合同。首先，开发单位主要进行价格谈判。同时，由于尚未签订合同，供冷单位无法依据合同进行供冷，但开发单位有2栋楼（总计8栋楼）需要使用供冷服务，所以基于当时的具体情形，先约定为2栋楼提供供冷服务并签订了《供用冷接入合同》。其次，开发单位也面临一个特殊情况，即需要将面积超8万 m^2 的初装费返还给政府，卓越集团提出对该部分初装费（大约1000万人民币）存在争议。配建客户的接收标准是需要接入合同，最后采用的办法是分为两部分。整个合同签订过程中，第一部分的最大顾虑是价格，第二部分是返还政府部分面积的初装费。但在实际供冷使用阶段，开发单位也展示出了集中供冷在经济性上的优势。在 2024 年 5 月 30 日的交流会上，卓越集团的代表表示"作为第一位与前海能源签订《供用冷合同》的用户享受到了集中供冷的巨大红利，对比传统自建中央空调模式，区域供冷是非常省钱的，单从用电容量来看，一年可以节省四五百万元；另外，集中供冷不需要自建制冷机房，不但可节约大量机房面积用作商业、办公场所及停车场，还可减少机房所需的大量维保费和人工费"。

（2）华润集团

第二个签约的用户是华润集团。华润作为央企，是地产行业的标杆企业，其社会地位和行业影响力均优于前海能源公司。

①专业能力维度。供冷单位在与开发单位各部门（如工程、成本、招采等部门）交流沟通过程中，双方均处于专业性的强势地位，对成本的核算非常细致。在冷站尚未建成的情况下，与工程部门洽谈接入合同困难重重。

②信任方面。由于前海能源公司成立时间不长，人员配备较为紧张，工作人员通常都是身兼数职。面对开发单位分工细致的专业团队，谈判过程十分艰难。如，与工程部门协调技术、场地的界面等；开发单位严格的招标流程；在没有政府定价文件支撑的情形下，难以完成定价工作。

经过两年的磨合，最终于 2018 年年初签订了合同。签约后，市场开拓团队总结出专业、真诚、反复的沟通是成功签约华润集团的关键。桂湾某用户的公司总经理提到，"前海能源公司杨经理写给我的邮件装订起来可能都有一本书的厚度了"。整体回顾来看，成功签下华润集团这一标杆企业后，前海能源公司在较大程度上获得了市场的认同。此外，客户代表在交流中也提到"商业板块在全国有一百多家店，我们积累的传统自建空调能耗数据比较丰富，通过横向对比发现，前海万象的空调能耗较高，物业团队因对集中供冷了解不多而十分苦恼。经与前海能源公司的沟通交流和深入探讨，我们终于认识到集中供冷的冷量使用费不能简单地与传统空调的电费等同比较，如果从项目全生命周期的成本进行核算，综合考虑开发建设阶段的初装费到运营阶段的冷量使用费，使用集中供冷还是划算的"。

（3）顺丰集团

第三个签约用户是顺丰集团（顺丰大厦）。现行《土地使用权出让合同书》以及《规划设计条件》中对于地块应使用集中供冷均有相关约定。然而，前海合作区内仍有个别早期地块在出让时未作此约定。这种情况出现的原因包括：出让时间早于集中供冷的冷站建设规划时间，或者是地块规划尚不明确等。例如，顺丰项目业主拍地时（2014年），该地块的土地规划就有遗留问题未解决，且地块出让时间早于所属的10号冷站建设规划时间（2015年），故在《土地使用权出让合同书》以及《规划设计条件》中均未对使用集中供冷做出相关约定。相比较在土地出让阶段规定必须接入的情况，顺丰项目更倾向于采用市场化的方式、通过谈判签订合同。

在开拓客户顺丰集团的过程中，前海能源公司主要从经济性和社会责任担当两方面呈现详实的数据，并进行反复、持续的沟通。在经济性方面，首先说明集中供冷收费方案源自前海管理局《前海深港现代服务业合作区区域供冷项目收费方案研究课题》的成果，本着"保本、微利、高效、持续"的原则。其次，通过对比国内同类型项目、用户自建中央空调，制定低于同业水平和用户自建成本的供冷收费方案，并给出了详实的数据。例如，根据专业机构的测算，集中供冷初装费可为开发商节约空调机房初投资的15%～40%。此外，集中供冷可节约制冷机房面积、冷却塔屋面面积和变压器容量电费［22元/（kVA·月）］等。采用集中供冷后期运营期间可相应减少自建冷源机组产生的运行能耗费（含电费、变压器容量电费、水费）、运营人员人工成本、维修费用等运营费用。以前海桂湾片区某项目为例，建筑面积12万 m^2，冷负荷指标150 W/m^2，采用集中供冷年度运营费用节约10%左右。另外，集中供冷初装费为一次性收费，而自建冷源设备后期会产生设备的改造、更新费用。在社会责任的担当方面，区域供冷项目是前海深港现代服务业合作区建设"生态之城"的重要体现，满足合作区的环保要求。2010年《前海深港现代服务业合作区总体发展规划（2010—2020年）》获国务院常务会议原则通过，区域供冷项目列入基础设施配套项目，这也是贯彻落实"低碳、生态、节能、环保"可持续发展理念的重要举措之一。

在合同洽谈过程中，顺丰集团先后更换了3位项目负责人，这无疑增加了客服与用户之间的沟通难度。但前海能源公司通过持续的沟通、不懈的坚持，不仅得到了项目经理的配合，还获得了顺丰集团的理解与支持，使得顺丰集团的集中供冷业务得以顺利推进。

综上，在不同的阶段，市场开拓策略有所差异。首先，在没有实物运行的情况下，如何让第一个客户理解集中供冷系统，相信供冷单位。其次，详实的数据是市场开拓的重要依据。再次，对标杆企业的重点攻关是形成市场示范效应的关键。最后，持续、真诚的沟通是赢得客户信任的关键。

5.3.2 综合能源业务市场拓展

综合能源业务包括光伏电站、空调末端业务等。前海集中供冷主要是建设冷源。在集中供冷系统中，用户侧是大楼内的投资，而前海能源公司作为冷源供应商，无需考虑用户侧。前海能源公司只负责提供冷源，将冷源通过市政管网输送到用户的换热间。同时前海能源公司拓展了一些末端空调用户。末端空调用户是指综合能源业务里面的末端空调业务，空调末端服务也由前海能源公司来提供。当冷源和末端服务都由前海能源公司提供时，可实现冷源和用户侧的联动，有助于能效的提高。

5.4 运行阶段的客户服务管理

5.4.1 基于"价值发现—价值增值—价值获取"的客户节能增效服务

在供冷专业服务过程中，供冷单位基于价值发现、价值增值、价值获取的价值链条为客户提供节能增值服务。

某青年创业项目一期为8栋单体建筑，总建筑面积约6.6万 m^2，涉及产业、商业的物业管理公司共9家，项目功能性繁多，用冷需求高。

（1）节能价值发现

在用冷过程中，物业管理单位反馈用冷量过大。收到反馈后，供冷单位对空调开通情况及租户诉求进行了初步调研,租户普遍反馈建筑隔热性能差、供冷收费标准高。供冷单位对近5个月的用冷数据进行对比后发现,某青年创业项目和相类似的某大厦单位面积用冷量的比例达到了4:1。因此,供冷单位组织专业调查小组开展项目图纸和空调设计负荷的查验、计量表的校验以及多次现场勘查等工作。

(2)增值服务

对用冷问题进行系统分析,形成五类问题,并提出改善建议。

第一类是关于建筑体型及围护结构问题。主要包括:①建筑立面均为全幕墙、立面多退台变化形式;与常规办公建筑相比,建筑物体形较大,得热面积也较大,空调冷负荷偏高。②5栋电梯厅及电梯井通高均为全透明围护结构,夏季热量大,但由于未设置轿厢空调或通风设施,影响人员使用,同时电梯厅与路演大厅直接连通,也会影响室内空调环境。针对该类问题提出的改进建议包括:室内设置内遮阳设施,如遮挡帘、隔热膜等;电梯井设置通风设施,加装轿厢空调,并在此处考虑一定的隔热手段,设置隔热膜或分隔门。

第二类是室内负压问题。将楼内各新风机组关闭,卫生间等排风开启,造成室内负压。由于新风机组长期停运(因新风机组噪声较大,自运营以来长期关闭,仅在终端用户要求开启时才会短暂运行),室内气压低于外部环境,外部的大量热湿空气通过门窗进入建筑物,影响室内的热湿环境,造成空调冷负荷及湿负荷偏高。针对该问题提出以下改进建议:运行新风机组,室内保持微正压运行,加装隔音罩或迁改安装位置控制运行噪声,同时保证门窗的密闭性。

第三类是室内空调环境未封闭的问题。如建筑气密性不佳,5栋路演中心的2、3、4层南侧存在约27㎡直通室外的百叶窗风口且楼栋外门无密封设施,相当于室内外可直接连通,大量室外湿热空气进入室内,导致空调制冷效果大打折扣。在自然通风状态下,自百叶窗风口进入路演大厅的热空气量约50 000 m³/h,处理该热空气需460 kW冷量,相当于原设计空调风柜冷量的2倍。针对该问题提出改进建议:封堵直通室外的百叶窗,加强门窗的密闭性。

第四类是不规范使用问题。包括：①通过现场踏勘发现大量分户门、外楼梯、内楼梯等连接处的大门对外开敞，造成非空调区的热湿环境与空调区联通，且热气流直接进入室内，破坏了空调环境的密闭性，增加了室内空调负荷（内楼梯为全透明围护结构，夏季阳光直射室内；室外楼梯门敞开，户外热气流直通室内）。②租户装修时未考虑空调风口布置，破坏了空调气流组织（一台风机盘管的多个送风口被分别隔至不同房间，致使空调使用效果不佳，同时无人使用的房间空调满负荷运行，产生较大浪费）。针对该问题提出改进建议：加装闭门装置；加强精装修报审管控环节，避免出现户内不合理改造。

第五类是关于加时空调管理问题。空调水系统控制仅在每个楼层总管入口处设置了关断阀及能量计，末端无法分户管理。租户在申请加时空调时存在不规范行为：①物业方面仅有 1 人负责末端空调开关，每日晚 6 点后需对非加班楼栋各楼层进行手动开关操作，工作持续至晚上 8 点，耗时较长。在此期间未关断阀门的楼层，仍有用户使用空调。②同楼层不同分户的租户在申请加时空调时，存在投机行为。例如，A 用户申请加时空调，同楼层的 B 用户即共同使用。针对该问题提出改进建议：分户安装能量表，加装远程分区控制系统，规范加时空调的管理。在技术方面，前海能源公司联合物业公司开展了相关优化措施：一是优化变频器调节频率及设置供水压力，二是水力平衡调节检测二次侧供回水温度。

（3）节能价值获取

自调整后，周边类似功能项目 10 月份用冷量是 9 月份用冷量的 75% 左右，而某青年创业项目中 10 月份用冷量是 9 月份用冷量的 50% 左右，实现了大幅节能，物业单位对服务过程和结果都表示非常满意。

5.4.2 运行阶段用冷经济性问题的持续沟通

客户对用冷的经济性非常敏感，因此在用冷过程中，需要充分做好沟通工作。

5.4.2.1 某商业项目租户

某商业项目租户反馈空调费用较高。收到反馈后，供冷单位通过向其物业获取的信息，与具有诉求的租户取得了联系。初步了解情况后，当即与对方约定了会议沟通相关事宜。经了解，租户对常时空调费并无异议，但认为物业加时空调费[0.3元/（m²·h）]收费偏高。加时（24小时）区域面积仅为常时空调面积的5%，但月加时费用却为常时费用的一半。于是客服向租户做了如下解释：①前海能源公司向该项目供应冷源并按总表计收冷源费，物业管理公司经换热处理后输送至租户并提供末端服务收取空调费；前海能源公司的冷源全年24小时不间断供应，收费不分时段，价格统一；②物业单位向租户收取的空调费由物业公司按市场定价；由仲量联行出版的《深圳写字楼空调费市场调研报告》显示"前海片区物业空调费在市场上仅居于中等价位"，其中加时空调费普遍在0.3～0.4元/（m²·h）。此外，协助租户梳理加时用冷面积，减少了非必要的24小时用冷区域，由原有的500 m²减少至200 m²以下，大幅降低加时费（保留数据机房和值班室等加时用冷）。

租户对处理结果表示非常满意。在后续跟进中，租户的加时空调月费用大幅降低，节约费用超过60%。

5.4.2.2 某购物中心项目

某购物中心办公写字楼多为高科技公司整体入驻，员工密集，办公设备散热量大。且商业中心标准高，半开放空间多，故项目整体用冷量大，单位能耗高。项目写字楼与商业的物业是相对独立的，各自核算物业成本。

2023年3月，供冷单位组织开展"筑梦前海 益企向未来"系列企业座谈会，了解企业发展诉求。会上，开发单位提出，前海片区供冷费用成本高，前海冷站收取的冷量使用费单价是0.56元/（kW·h），而采用中央空调的平均用冷费用是约0.23元/（kW·h），对比得出前海区域供冷用冷费用是同体量其他购物中心的两倍以上。另外，前海中心项目的供冷服务初装费、板式换热器费用合计约5470万元，此费用基本等同于自建冷站。

在了解用户的顾虑后,前海能源公司第一时间与开发单位联系并进行充分的交流与沟通,前海合作区的收费方案本着"保本微利"的宗旨,依据全生命周期成本测算制定,在全合作区统一实行。相比传统中央空调,集中供冷节约了空调机房初投资费、变压器基本容量费,节省了机房面积和冷却塔占用屋面面积等。通过一系列沟通,对方负责人表示,对前海能源公司收取的冷量使用费有了更深入的认识,理解了集中供冷为用户带来的综合效益。

时隔2个月,该开发单位再次提出同样诉求,即前海项目的供冷服务初装费、板式换热器费用合计约5470万元,此费用基本满足自行建造制冷站。对于诉求中提到的数据,由于无法获得客户测算的依据和原始数据,前海能源公司进行了内部复核,发现与开发单位提供的数据有出入,即某购物中心项目初装费为3987万元,初装费单价为135元$/m^2$,对应的计费面积为295 368m^2,板换设备等由前海能源公司提供。根据复核结果,前海能源公司客服部门分别与某购物中心项目办公、商业的负责人沟通。经沟通,项目办公部分对于冷费成本无异议,诉求主要来自商业部分。由于用冷量巨大,商业工程部面临能耗绩效考核压力,希望通过冷量使用费优惠,减少运营成本。

确定了主要诉求后,前海能源公司采取了一系列有针对性的措施:①经向开发单位核实,诉求中提出的0.23元/(kW·h)费用仅为折算的电费成本。而前海能源公司的冷量使用费单价是在以上电费成本的基础上叠加了制冷的其他必要成本(电力容量费、维保费、人工费、设备折旧费等)。两个单价所包含内容不同,需在0.23元/(kW·h)的基础上叠加制冷全成本要素后再比较。②前海区域供冷系统的定价依据前海管理局的课题研究成果,对全体用户实行统一标准;按全周期测算,集中供冷的费用不高于用户自建空调。第三方《深圳写字楼空调市场调研报告》显示,通过调研深圳各区数百个标杆商写项目,前海的空调费在整个深圳市场处于中等水平,前海区域内采用集中供冷的空调费低于非集中供冷项目(并未因采用集中供冷系统而增加用户成本)。③前海能源公司重视用户诉求并积极开展研究,同时将研究成果及时发布,与用户共享。

5.5 客户服务创新实例

5.5.1 前置服务

前置服务包括两方面：一方面是客户正式入住前，供冷单位提供诊断、进行预判，并提出整改项的意见、空调使用的建议；另一方面是在供冷运行过程中，供冷单位根据用户的用冷情况，提出专业性建议。

5.5.1.1 某行政单位用户案例

（1）案例背景

某行政单位用户的总建筑面积为 3.28 万 m^2，用冷面积为 2.23 万 m^2，地上 11 层，地下 3 层，共计 14 层，区域供冷面积 1.4 万 m^2，板换装机容量 2010 kW。该用户集中供冷系统正式通冷时间为 2023 年 2 月，用冷时段为全天 24 小时。根据用户端数据，8 月份日间最大负荷值约为 1500 kW，夜间平均负荷约为 200 kW。参考某用户 8 月份日间最大负荷值约为 1800 kW，计算冷负荷指标为 108 W/m^2；夜间无用冷负荷。前海能源公司发现用户的用冷量高于类似的办公场所，进而联系客户了解具体情况，开展用冷巡查增值服务工作。

巡查的主要目的是确认某行政单位用户用冷的问题，提出合理化建议并跟踪落实。巡查的区域为用户换热间、每层风柜房以及办公室、会议室和宿舍等用冷区域。首先，明确参与巡查的组织人员，包括项目工程师、专业工程师、客服人员、运营服务人员；其次，明确巡查过程中相关人员的职责；最后，明确巡查周期，初步设定为每周一次。巡查人员职责见表 5-4。

表 5-4　各组别人员职责

组别	职责
项目工程师	组织协调用户巡查工作
专业工程师	负责巡查工作的现场实施、专业技术指导，并给出相关运营建议，解决业主的现场用冷问题

续表

组别	职责
客服人员	作为公司与某行政单位用户沟通的桥梁，负责将巡查结果、相关运营情况传达到用户，并收集用户的相关诉求
运营服务人员	根据冷站、换热站和用户末端运营经验，辅助专业工程师开展巡查工作，并给出相关建议

（2）空调系统运维管理分析

用户入驻后，前海能源公司的客户服务和运维团队针对节能降耗、节流降本方面存在的问题，多次深入现场巡查诊断、观测分析，从用冷管理、设备管控、运行维护等方面提出专业建议，为用户排忧解难。2023年9月初开始，前海能源公司为协助用户节能降耗，专门提供了一系列上门服务。①设备管理：全面排查楼内空调设备，确保设备运行在最佳状态。②用冷习惯：对用户的用冷区域和用冷习惯进行深入研判，最大限度减少冷量浪费。③运行维护：协助物业公司定期开展设备运行巡查工作，及时发现问题并解决，确保空调系统节能运行。

（3）服务效果

在7—8月份未提供增值服务前，该用户单位面积能耗远超同类项目（分别为145%、110%），经排查供冷一侧无故障。9月初开始由前海能源公司提供增值服务。9—10月的单位面积能耗，该项目与同类项目相比大幅降低（分别为79%、46%）。

5.5.1.2 案例启示

节能措施主要包括设备管理、用冷习惯、运行维护三方面。巡查目的主要是与用户一起解决问题，提高用冷效率，降低用冷成本。巡查工作需要业主方、物业方的共同支持。末端用冷优化需要通过不断地巡查，逐步发现和解决问题，故可根据实际情况适当调整巡查人员和频次。末端用户应对提出的建议给予足够重视，对合理建议进行督促落实，保证巡查工作的质量。

5.5.2 客户服务系统

2024年5月30日，前海能源公司成功举办了一场针对客服系统升级及收费优化方案的用户宣贯会，旨在向广大用户详细介绍并推广这一系列改进措施。会议邀请到近70位前海区域供冷用户代表共商集中供冷行业趋势和创新实践。会议以集中供冷宣传、客服中心揭牌、客服系统和收费优化方案宣讲为主要内容。其中，客服系统作为连接供冷单位与客户之间的桥梁，受到极大的重视。这一系统不仅是双方高效沟通的关键工具，更是强化协作、降低管理成本、推动客户关系向更加和谐、健康发展方向迈进的重要驱动力。通过此次会议，前海能源公司不仅展示了其在技术和服务方面的不断创新与追求，还进一步加深了与广大用户之间的沟通与理解，为推动区域供冷行业的繁荣与发展奠定了坚实的基础。

5.5.2.1 收费改革

①自动抄表。自2023年8月末实行自控系统远程抄表以来，大大提高了工作效率。

②账单日期变更。自2023年10月起，账单日期变更为自然月，解决了原账单日期（23—24日）与物业公司账单日期不匹配的问题，提高了对账精度及工作效率。

③托收平台迁移。托收平台由中国银行变更为中国人民银行，将账单制作周期由原来的15天缩短至3天，极大地提高了工作效率。

5.5.2.2 系统功能

（1）实现数据透明化

用户可登录系统自行查阅及下载相关文件，如公告通知、办事指南、流程指引等。

（2）实现报装合约一体化

原有流程步骤操作模式升级为统一台账模式，项目进展一目了然，易于把握各部门进度，附加各环节联系人功能，用户可以实时了解自身建设情况并及时与前海能源公司沟通。用户可登录系统，完成意向合同、设计审图、供货验收、用能管理和缴费管理等相关阶段资料上传工作。前海能源公司相关职能部门可进行线上审核，实现供需一体化，大大增加了工作效率。

（3）维修派单及投诉处理

根据现有业务分工优化了用冷用户申请维修的流程，简化了用户操作过程。同时可以快速派工到具体冷站维修班组，全程可监控、可追溯。增加了投诉功能，用户可以通过电话、网页、APP等多种渠道实时反馈问题，公司处理投诉时快速高效、职责分工清晰、反馈口径统一，全过程在线记录归档。

（4）客户回访与预约功能

新版客户服务系统增加了回访功能，以便及时回访客户，收集反馈信息，确保服务品质。除访问系统入口及对外信息门户部分外，还增设了展示厅参观预约功能，以更好地为企业提供宣传平台。

PART 6
第 6 章

前海区域集中供冷的投资管理

6.1 城市区域集中供冷投资管理的特征与挑战

（1）区域供冷项目具有公益性

城市区域供冷项目具有减排、节能、节地等社会与环境效益，具有正面外部效应。例如，节约土地资源，减少能源浪费，带来社会效益；降低碳排放以缓解城市热岛效应，减少水雾污染以美化城市环境，提高区域营商环境。项目的公益性会导致市场失灵的现象发生，即社会资本承担公益性的驱动较小，需要政府进行适度干预，如参与部分投资。

（2）初始投资大，投资回收期长

相较于自建冷源，城市区域供冷系统前期投资大。其建设一般会早于区域内第一个用户，以满足及时性的要求。系统建成后，用户会逐步增长。在这个过程中，区域供冷系统可能会存在"大马拉小车"的现象，即项目投资回收期长。例如，香港某区域供冷项目投资回收期超过30年，前海区域供冷项目投资回收期为12～15年（如考虑土建和管网，则回收周期大于20年）。因此，集中供冷项目的初始投资大，投资回收期长，这对供冷单位的财务准备要求高。

（3）投资规模受用户负荷预测影响大

用户的成长速度与片区土地开发速度紧密相关，用户负荷预测会直接影响城市区域供冷项目的规模设计。片区土地开发速度快，商业聚集就快，用户用冷需求呈现增长态势。例如，在前海片区冷站运营前期2号站与4号站的土地出让比例较高，用户负荷增长较快；3号站、5号站与10号站的土地出让比例较低，用户负荷增长较慢。用户负荷预测是一个动态变化的过程，需要结合外部条件，如土地出让、地块开发等因素及时调整，有效确定项目规模。但投资决策是刚性的，一旦投资决策通过，就意味着项目规模已确定。如何在项目规模设计中充分考虑用户负荷增长的规律是前期投资决策的难点。

（4）准公共产品属性下的定价

价格和用冷量是决定项目收益的重要因素，也直接影响项目的投资决策。由于城市区域供冷的准公共产品属性，故难以采用纯市场定价的方式。例如，前海区域供冷的定价原则是科学合理、保本微利、公开透明，兼顾供冷单位和用户等相关方的利益。而在市场定价下，需充分考虑区域供冷系统的自然垄断性和准公益性，以保本微利的方式进行定价，并对价格进行严格监管。此外，集中供冷的价格弹性较小，需求稳定。价格存在规模经济效应，即随着产品与服务产量的增加，价格会下降。这表明生产规模越大，产量越高，其平均成本和边际成本就越低。

6.2 前海区域集中供冷的多元投资模式

6.2.1 多元投资模式的决策

6.2.1.1 已有投资模式分析

已有的投资模式包括单一投资主体和多个投资主体，见表6-1。

（1）单一投资主体

由单一投资主体负责供冷站及管网的投资建设，包括站房、机电设备及安装、配套系统、供冷管网等。

（2）多个投资主体

①供冷单位和用户共同投资。在广州珠江新城集中供冷中心项目中，冷站土建、冷站机电和一次管网由供冷单位负责投资建设，换热站土建、计量装置、板式换热器、二次管网和末端设备由用户负责投资。珠海市横琴新区

区域供冷供热项目中，供冷单位负责冷站土建、冷站机电、一次管网和计量设备的投资，换热站土建和换热站地点由供冷单位和用户协商确定，用户负责二次管网和末端设备的投资。该类型中，还存在项目公司和用户共同投资的情形。例如，南京南部新城区域供冷供热项目，项目公司负责冷站土建、冷站机电、一次管网、换热站土建、换热站机电的投资，用户负责二次管网、计量装置和末端设备的投资。

②多个企业共同投资。例如，广州大学城区域供冷项目是由地产公司和供冷单位共同投资。

③政府、供冷单位和用户。前海区域供冷项目中，冷站土建和一次管网由前海管理局负责投资，冷站机电、换热站机电和计量装置由供冷单位负责投资，用户负责换热站土建、二次管网和末端设备的投资。

表 6-1　部分代表性区域供冷案例供冷系统的投资界面 ①

项目名称	投资界面							
	冷站土建	冷站机电	一次管网	换热站土建	换热站机电	计量装置	二次管网	末端设备
广州亚运城太阳能及水源热泵项目	广州市重点公共建设项目管理办公室							
北京中关村广场区域供冷项目	北京瑷玛斯区域供冷技术开发有限公司							
广州珠江新城集中供冷项目	广州珠江新城能源有限公司						用户	
珠海市横琴新区区域供冷供热项目	珠海横琴能源发展有限公司			珠海横琴能源发展有限公司与用户协商确定			珠海横琴能源发展有限公司	用户
重庆市江北城 CBD 区域江水源热泵集中供冷供热项目	重庆市江北嘴中央商务区开发投资有限公司			用户			重庆市江北嘴中央商务区开发投资有限公司	用户

①深圳市前海深港现代服务业合作区管理局.前海合作区集中供冷运营、监督管理等机制研究报告[R].中节能城市节能研究院有限公司，北京观韬中茂律师事务所，2018.

续表

项目名称	投资界面							
	冷站土建	冷站机电	一次管网	换热站土建	换热站机电	计量装置	二次管网	末端设备
福州海西高新区可再生能源供能项目	福州中节能城市节能有限公司					用户	福州中节能城市节能有限公司	用户
广州大学城区域供冷项目	广州大学城投资经营管理有限公司			广州市城市建设投资集团有限公司			广州大学城投资经营管理有限公司	
南京南部新城区域供冷供热项目	项目公司						用户	
前海区域供冷项目	前海管理局	前海能源公司	前海管理局	用户		前海能源公司		用户

6.2.1.2 前海区域集中供冷投资模式决策过程

在专项研究阶段，投资模式的研究与定价、规划、技术标准、管理办法等内容可同步推进。在投资模式决策过程中，主要考虑前海管理局是否参与投资，以及参与哪部分的投资。

（1）前海管理局参与部分投资的考虑

①项目公益性与准公共产品属性。在经济学中，外部性是指某组织的行动和决策使另一主体受损或受益。例如正外部性的节能环保，负外部性的污染排放等。当外部性出现时，难以通过市场机制进行调节，常采用的干预政策类型包括强制性政策，如规定、标准；经济性政策，如补贴、贷款优惠、税收减免。

区域供冷项目的提出源于区域发展战略的需求，旨在提升营商环境、城市品质，实现土地集约化利用，以及减排和节能等社会与环境效益，带来显著的正面外部效应。如果将区域供冷项目完全交给市场投资，则市场的投资意愿较低。当市场失灵时，需要政府积极参与。

②项目投资可行性上的考虑。城市区域供冷项目的初始投资大，投资回收期长，经营压力大，供冷单位以企业方式进行运作时，存在较大的经营压力，可能会影响供冷服务的质量和水平。

基于上述考虑，管理局参与前海区域供冷项目的投资是必要且合理的。在实践中，这种方式也受到了广泛关注。例如，香港机电工程署将区域供冷项目命名为"绿色基础设施项目"和"环保基础设施项目"，纳入了市政基础设施项目进行统一规划；前海管理局在开展区域供冷专项研究时，将区域供冷明确为合作区内重要的市政公用基础设施，纳入市政详细规划。北京、上海、广州等地纷纷将区域供冷作为城市规划的重要内容提前进行布局。

在此基础上，需要进一步决策前海管理局参与哪一部分的投资。区域供冷系统通常包括冷站土建、冷站机电、供冷管网、换热站土建、换热站设施和末端空调系统等。为了给用户提供安全、可靠、及时、经济、绿色的供冷产品和服务，且最大限度地让利于民，区域供冷系统的投资界面划分必须科学、合理。

（2）冷站土建与管网由管理局负责投资与建设的考虑

①城市统筹规划和开发上的考虑。一方面，供冷管网与供水、供气管网类似，需与市政道路同步规划、同步实施，以便减少市政道路二次开挖的情况，提高城市通行的安全性。此外，供冷管网需跨多个地块、统筹多家单位、对接多个业主，协调难度大。另一方面，可以充分利用项目所在地能源资源条件，耦合多种技术，提升能源利用效率，提高城市能源消费方式的科学性。此外，可以统一规划地上和地下空间的开发，节约利用空间资源，提升城市的美观度和整体协调性。

②冷站采用附建的方式。一方面，可集约利用土地、提升环境形象等，服务前海区域的发展；另一方面，在附建模式下，需要协调大量的外部单位，从更有利于协调和推进项目实施的角度来看，应由管理局承担该部分投资。

因此，前海管理局负责区域供冷系统的冷站土建工程和市政供冷管网（即一次供冷管网）的投资，该部分投资约占整个区域供冷系统总投资的20%。同时，对区域供冷系统投资界面进行划分时，要充分考虑供冷系统各部分的产权界面，以及后期维护与管理界面，具备较强的可操作性和专业性。

（3）政府参与部分投资的再思考

回顾10年前的决策，再结合10年来的运行实践，当前前海区域供冷的整体运行情况表明,前海管理局参与部分投资在前海区域供冷的良性循环发展中起着关键作用。从宏观层面上看,前海管理局通过提供部分投资的方式支持把前海建设成低碳生态示范区,并将集中供冷作为提升营商环境的重要手段,以实际行动支持集中供冷事业的发展。从微观层面上看,前海管理局承担了部分投资,极大地缓解了供冷单位的经营压力,为项目的可持续发展创造了条件。同时,由于政府参与投资,降低了终端用户的用冷成本,落实了前海管理局"让集中供冷的实际使用者得实惠"的政策部署。

政府参与部分投资将有利于实现政府、供冷单位、客户多赢的局面。政府投资为企业减负,为用户降低用冷成本;而用户满意则形成良好的口碑,吸引更多用户入驻,提升营商环境;用户增加,有利于供冷单位提高资产使用率,保障可持续发展,再提高客户服务能力,如此形成良性循环。

6.2.2 投资界面及产权界面

前海区域集中供冷系统主要包含冷站站房、冷站机电设备、市政供冷管网、用户换热站站房、用户换热站机电设备(含计量装置)、用户侧管网及末端设备。前海区域供冷系统的产权界面与维护界面如图6-1所示。

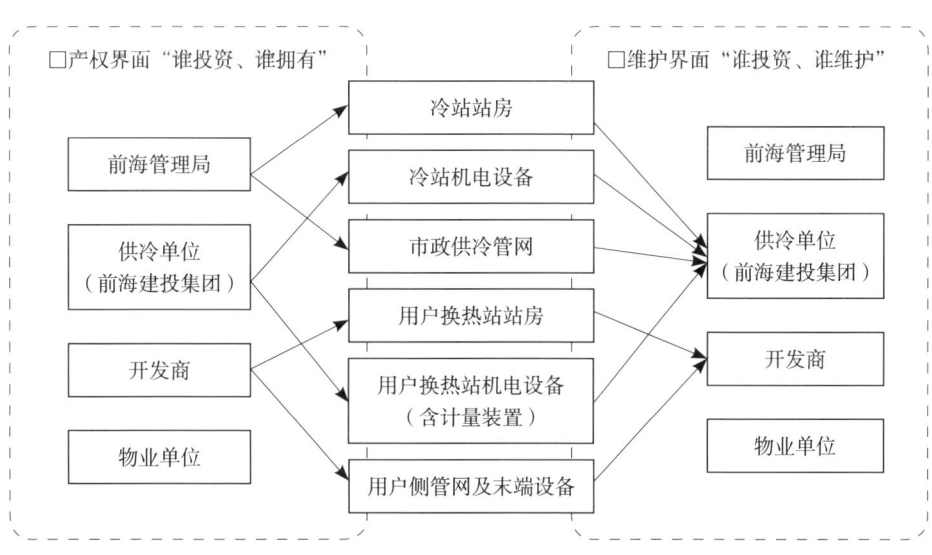

图6-1 产权界面与维护界面的划分

6.2.2.1 产权界面依据"谁投资、谁拥有"原则

①冷站土建的所有权与经营权。冷站土建由前海管理局负责投资建设，因此冷站土建的产权归前海管理局所有。冷站的使用权在经营权授予的同时一并授予供冷单位。

②冷站机电设施产权。冷站机电设施即冷站内的制冷及配套设施，由供冷单位负责投资，其产权属于供冷单位。

③一次管网产权。市政供冷管网由前海管理局一并纳入基础设施进行投资，由前海建投集团建设。根据"谁投资、谁拥有"的原则，一次管网的产权归前海管理局所有。

④换热站土建产权。换热站均需要单独设置，且换热站土建的产权归属地块开发单位。

红线内的换热站用房及配套水电设施一般由开发单位提供，其产权按"谁投资、谁受益"原则。开发单位卖房后，归小业主所有。此外，开发单位在负责投资建设建筑及其附属的公共设施、设备时，小业主支付的房款或租金中已经包含了换热站用房及配套水电设施的建设费用，因此，换热站用房及配套水电设施的产权归小业主共有。

⑤换热站机电设施产权。与供冷能源站类似，换热站包含换热设施和换热设施用房、配套设施以及水电等。前海区域供冷换热站由供冷单位负责用户换热设施的投资、建设与维护。因此，换热站内换热设施的产权归供冷单位所有。

⑥二次管网产权。二次管网产权同换热站土建产权一样，归小业主共有。

⑦楼栋立管产权。楼栋立管产权同换热站土建产权一样，归小业主共有。

⑧末端设备产权。末端设备虽然由开发商统一建设，但小业主购买房屋后产权会比较明确，产权应归小业主所有。

6.2.2.2 维护界面依据"谁投资、谁维护"的原则

为保障用户的供冷服务，考虑到后期运营维护的专业性，不属于供冷单位投资的冷站土建和一次管网需要由供冷单位来进行维护。在确定投资界面时，供冷单位应当与开发单位或用户就维护管理界面一并达成协议。

冷站土建产权归管理局所有，并无偿提供给供冷单位使用。供冷单位承担冷站土建、一次管网的维护与管理职责，并承担相关费用。此外，一次管网产权归管理局所有，投资不计入冷价，相当于是补贴用户。从保障供冷效果角度考虑，一次管网由供冷单位维护，并承担维护费用。

换热站土建、二次管网、楼栋立管、末端设备产权属于开发单位，也由开发单位进行维护。考虑到各开发单位的维护管理能力差异较大，为保障用户用冷效果，供冷单位对开发单位提出设计要求，并要求开发商的换热站土建、二次管网施工图需得到供冷单位的确认。供冷单位、供冷监督管理机构参与土建、管网设计施工图审查，施工过程验收及竣工验收。

6.3 前海区域集中供冷的定价

6.3.1 定价原则

国内的同类项目定价主要采用政府定价（表6-2）。其政策依据是参考电力、燃气、给排水、供热等列入中央和地方定价目录的实行政府定价、政府指导价。对于公用事业采用政府定价的原因，在于政府与企业之间存在信息不对称，难以掌握企业的真实成本信息。消费者由于信息不对称，难以了解实情，只能被动接受价格，难以出市场形成价格。

表6-2 国内同类项目定价模式

项目名称	定价方案	收费模式
广州珠江新城集中供冷项目	市物价局上调限价	一部制（冷量使用费）
珠海市横琴新区区域供冷供热项目	微利经营 听证后报物价部门审批核定	两部制（初装费+冷量使用费）
广州大学城区域供冷项目	广州市物价局定价	一部制（冷量使用费）
重庆市江北城CBD区域江水源热泵集中供冷供热项目	重庆市物价局定价	两部制（初装费+冷量使用费）
南京南部新城区域供冷供热项目	市物价局定价	初装费+冷量使用费

6.3.1.1 定价依据

前海区域供冷的定价和收费也纳入了前期的专项研究。在定价方案上报市政府后,深圳市政府批复:"鉴于供冷目前不属于省及省以下定价目录,建议实行市场定价(已请示省发展改革委),无需报市政府审批。另外,考虑到前海范围内的集中供冷具有公益属性及垄断经营的特点,建议参照《深圳市公用事业特许经营条例》有关规定,由前海管理局确定经营者并对服务质量和供冷价格实施监管(前海管理局享有相当于计划单列市的管理权限)。"

6.3.1.2 市场定价内涵

市场定价可从竞争定价、成本定价和价值定价方面进行解读。在竞争定价方面,如采用市场定价,意味着区域供冷的价格对比国内同类项目、同类地区、同类建筑采用中央空调等收费标准不存在显著差别,所定的价格在市场中具有竞争力。在成本定价方面,如采用市场定价,需要从总成本基础上考虑合理收益。在价值定价方面,如采用市场定价,需要能有效满足用户的价值要求,客户愿意对其享受的服务支付相应的价格,具有合理的性价比。

虽然深圳市政府批复的是"市场定价",但也明确指出,"前海范围内的集中供冷具有公益属性及垄断经营的特点"。这意味着该市场定价并非完全的市场定价,而是有一定限定的市场定价。在随后的《前海区域供冷管理办法》文件中,进一步明确了市场定价的内涵,即"区域供冷的价格按照市场化原则依法确定,应当符合科学合理、保本微利、公开透明的原则,同时兼顾供冷单位和用户等相关方的利益"。

(1)科学合理

定价和使用收费标准必须能让用户接受,在定价前得算好经济账。为了科学定价,在同周边使用传统自建冷源进行比价后,需要请第三方单位针对建造成本和年供冷量进行详细测算,充分考虑科学性。

(2)保本微利

保本微利原则在实际操作中具体落实为"两个不高于"的标准,即相较于传统自建冷源模式，集中供冷系统在初投资成本和运营费用上均保持不高于后者的水平。这一原则旨在确保项目在经济上具备可行性，同时为用户带来成本效益上的优势。为了实现保本微利，前海管理局提出将区域供冷划分为公用事业，将其纳入市政公共设施管理，采用多元投资的方式来减轻前期投资的负担，以及保持一个合理的低价保本微利边界，见图 6-2。此外，通过用户锁定的方式，稳定了用冷的需求量，形成较为稳定的经营收入。

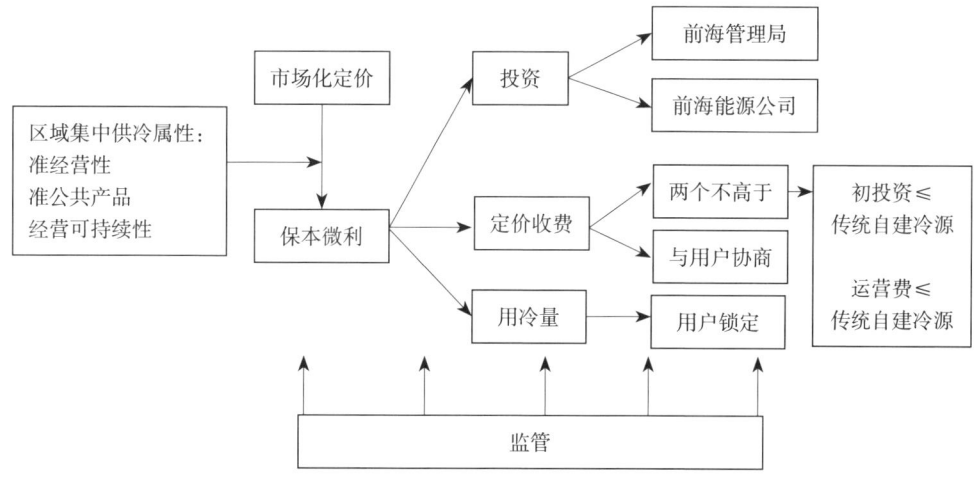

图 6-2 保本微利实施的边界条件

同时，前海区域供冷项目的冷量使用费全年不分时段统一价格。2022 年发布的《深圳市商业项目空调费市场调查报告》显示，前海采用集中供冷系统后的空调费低于深圳全市市场平均水平。

（3）公开透明

公开透明需要恰当的价格监管。市场定价存在以下弊端：①供冷单位处于垄断地位，用户无法选择其他供冷单位，因而无法形成竞争。②在市场化定价过程中，用户处于劣势，供冷单位可依靠垄断地位提高定价。③市场化定价的过程是供冷和用冷双方协商的市场化行为，政府难以从中插手和监管。

（4）价格监管

①政府主管部门委托第三方核算制冷成本，在考虑合理利润的前提下设置供冷上限价。要求定价不得高于国内同类项目及用户自建费用，同时要求

控制项目内部的收益率，实现国有资产保值增值的同时最大限度地让利于民。②对定价进行实时监管，聘请中介机构根据 CPI 和主要原材料制定上下限价。③供冷单位与用户签订的《供用冷合同》需报前海管理局备案，冷站运营单位需每季度或每年将财报上报至前海管理局，并向用户公开其冷价生产成本，当外部价格如电价等变化较大时，严格实施调价程序。④不断提升专业能力，降低成本。在合同中约定，与用户分享供冷成本的降低，让用户受益。

6.3.2 确定区域集中供冷收费价格应当考虑的因素

确定区域供冷项目的收费价格需要考虑收费应弥补的成本范围、前海项目的具体特点、用户可接受的程度、收费模式的易理解性、国有资产保值增值要求、不高于自建空调系统成本以及参考同类型项目的收费价格等因素。

（1）收费应弥补的成本范围

收费应弥补整个项目建设投资成本和运营成本。其中，建设投资成本主要包括建安费用、工程项目其他费用、预备费以及资本化利息等；运营成本主要包括电力成本、购水成本、人员成本、维护维修费、其他管理费用、财务费用以及相关税费等。

（2）前海项目的具体特点

整个前海区域供冷项目规模大，开发周期长，资金需求巨大，应考虑整个项目的滚动可持续开发，因此，需要考虑收取初装费，以弥补部分建设投资成本，从而实现整个项目的滚动开发。

（3）用户可接受的程度

用户的接受度在很大程度上影响项目的收费回款情况，直接影响项目的经济效益，过于复杂的收费模式不易被用户理解和接受。

（4）收费模式的易理解性

由于项目定位为准公共服务，收费价格需向用户公开、向社会公开，易理解亦是制定项目收费价格需要考虑的因素之一。

（5）国有资产保值增值要求

按照国有资产保值增值的要求，在保证项目一定的投资内部收益率情况下，适当收取初装费可以降低终端用户的实际用冷价格，同时有利于缩短项目投资回收期。

（6）不高于自建空调系统成本

聘请专业机构建立模型，计算同等规模的非住宅类建筑的空调负荷需求，估算自行建设制冷系统的建设成本、能源（主要为电和水）消耗、人工成本及维修维护成本等，计算出自建空调系统的全生命周期成本，并以此作为区域供冷系统的收费价格的上限。

（7）参考市场同类型项目的收费价格

通过专业机构调研国内同类型项目的收费价格，作为制定前海区域供冷收费价格的重要参考依据。

6.3.3 收费方案

6.3.3.1 区域集中供冷收费方案的类型

区域供冷可以分为两种收费方式：①按照面积计费；②按照实际用冷量收费。按照实际使用冷量收费又分为三种收费办法：①一部制收费法根据每千瓦·时冷量多少来收取使用费；②两部制收费法前期先按面积收取初装费，后期再按冷量收取使用费；③三部制收费法和两部制收费法相比，多收取一份基本费即最低消费。对不同区域供冷收费方案的总结和对比见表6-3。

表6-3 区域供冷的收费方式

	内涵	优势	劣势
按照建筑面积计费	以面积为计量单位进行定价，存在按建筑面积、使用面积和扣减或增加一定比例后的建筑面积等多种面积计算方式	按照面积计费计算简单，容易被用户理解和接受	①按照建筑面积计费每月收取的费用是固定的，用户可能会没有节约意识，不利于节能；②因为每月的用冷费用是固定的，用户没有使用供冷的时间也需要缴纳供冷费

续表

	内涵	优势	劣势
按照实际使用冷量计费（一部制收费）	根据用户实际使用冷量来收取冷量使用费；费率涵盖区域供冷系统中可变的运营维修成本，不包括系统的固定初始成本、维护检修和将来扩展的费用	①收费模式较简单，按"多用多缴费、少用少缴费"的原则；②用户较容易接受	①未能反映完整的收费机制，包括对区域供冷系统的初始投资，机组、设备和水管管网的固定维护费用等；②由于没有收取初装费，经营商需要承担系统运营初期的费用，设备、管网和土建的投资需要较长时间才能回报
按照面积和实际使用冷量计费（两部制收费）	根据初装费+冷量使用费收取；初装费按照供冷服务面积收取，冷量使用费按照用户实际使用冷量计收。除按可变的运营维修成本收费外，亦包括一次性收取的区域供冷系统初装费，弥补了集中供冷项目建设过程中部分投资成本	①能反映完整的收费机制，包括对区域供冷系统的初始投资、能耗、系统的维护费用等；②缓解经营商在区域供冷系统运营初期的资金需求	①用户需要在连接区域供冷系统初期强制缴交一次性的费用；②由于没有收取基本费用，用户可能夸大冷负荷需求，导致初始投资浪费和低系统使用率
按照面积和实际使用冷量计费（三部制收费）	根据初装费+使用量计量+基本费用收费。费率除按固定的初始投资成本和可变的运营维修成本收费外，亦包括一份基本费用，即最低消费	可鼓励用户准确评估自身所需的最大冷负荷，降低用户的实际使用量与设计（契约）使用量的差异	用户有低冷负荷需求时（如冬季），除需按实际供冷需求缴交费用外，仍需缴交基本费用

6.3.3.2 前海区域集中供冷的两部制收费方案

前海能源公司为了科学定价，与周边使用传统自建冷源的场所进行了比价，并委托第三方单位详细测算建造成本和年供冷量，确保定价合理且具有竞争力。测算结果形成了三种收费办法，即一部制收费法、两部制收费法、三部制收费法。综合分析影响前海区域供冷项目的外部因素和内在因素，供冷价格采用两部制收费方案中的"初装费+冷量使用费"，此定价法是公共事业中应用较为普遍的方法，即将项目的建设投资和运营期成本进行分类收费，从而实现项目的可持续发展。在费用结构方面，初装费是依据供冷服务的覆盖面积来计算的，此费用旨在补偿集中供冷项目在建设过程中所承担的部分投资成本。该费用在开发商的物业建设完成后、正式接入集中供冷系统之前，需一次性缴清。

供冷服务面积的定义涵盖了用户项目《建设工程规划许可证》中明确规定的建筑面积，以及因接入集中供冷系统而额外核增的建筑面积之和。至于冷量使用费，则是依据用户实际消耗的冷量来计算的，这笔费用主要用于覆盖集中供冷项目在运营过程中所产生的变动成本。冷量使用费采取按月收取的方式，确保项目运营的持续性和稳定性。

对比传统自建冷源的方式，两部制收费法做到了"两个不高于"，即初投资和运营费不高于传统自建冷源，以及前海区域供冷项目的冷量使用费全年不分时段统一价格。

6.3.3.3 前海区域集中供冷的菜单式收费方案

在两部制收费方案实施过程中，通过用户反馈发现，用户存在多样化的需求。用户提出多制定几个收费方案，供自由选择。例如，部分用户愿意选择接入费高一点的收费方案，部分用户愿意选择接入费低一点的收费方案。因此，前海能源公司在保证收益率基本不变的情况下，设计了包括三项选择的收费方案，见表 5-2。办公楼和商业楼的用冷需求不同，商业楼的用冷需求往往更大，此类用户希望前期多交初装费，后期单价低一些。而写字楼的用冷需求相对较少，这类用户更希望降低前期费用，能够接受后期单价高一些。

前海能源公司设计的三种收费方案依据政府课题研究成果制定，于 2016 年开始实施。自执行以来，用户反馈良好，在服务前海过程中起到了较好作用。但随着集中供冷用户的逐渐增多，用户诉求也更加多样化、个性化。前海能源公司结合用户诉求对原收费方案进行了专项研究，进一步优化收费方案。研究成果将在政府课题研究成果的基础上，尽可能地让利于用户，为用户提供更多选择，做到连续性、统一性、多样性和兼容性。

6.3.3.4 前海区域集中供冷调价机制

区域供冷的价格应当保持相对稳定。当水、电力、蒸汽等能源价格，以及人力成本等其他经营成本发生显著变化时，供冷单位、用户、组织实施单位可以向主管部门提出调整供冷价格的书面申请。主要根据区域供冷的各项成本明细锚定的单价（如电价、水价、社会平均工资等），及其所占总成本的权重，每两至三年与基期数据进行比较。如偏离幅度的绝对值超过一定比例，则启动调价机制。在完成一次比较后，比较年的数据成为基期年数据。

6.4 分期投资规模决策

6.4.1 分期建设规模的确定

区域供冷冷站及管网的建设需早于用户所在地块的建设进度，以保证地块上的建筑物在投入使用前就拥有稳定的冷源保障。如果供冷站建设过早，用户建筑的建设时序或入住进度较慢，会导致已建成冷站的负荷率低，运行效率不高，造成资源浪费和经济损失。此外，由于前期资金投入过大，导致财务成本（利息）较高，增加了用户使用区域供冷的成本。

由于城市区域供冷的初始投资大，投资回收期长，且用户增长有一定的周期，故供冷单位需要考虑投资规模，特别是分期规模。分期是对资产闲置的量和时间的综合考量，以实现投资效益和减少投资风险。前海区域供冷大部分冷站分 2～3 期建设。分期的合理性直接决定冷站的初投资及运行能效，能有效避免前期用户负荷低、冷站能效低的情况。

6.4.1.1 用户负荷预测

在实施第一期前，客服部门需提前与用户进行对接。以未来 3 年的用户建设时序、入驻计划负荷预测，作为第一期设备装机负荷的依据。后续分期建设时序的确定，应充分考虑前一期的负荷达产时间；后续分期装机规模应根据适时更新的用户建设时序及入驻计划和未来 5 年的负荷预测确定。其中重点分析以下两点：

①土地出让与建设时序。根据供冷站的规划布局，供冷站将服务于一个地块或者多个地块。各地块的建设时序并不统一，呈现出差异化的时间安排。即便在同一地块内部，不同建筑的建设时间也是不同步的。前海合作区共有 10 个冷站，每个冷站服务用户的增长速度与地段或者片区土地开发速度有关。如果区域土地开发速度较快，那么它的商业聚集就比较快，这与用冷负荷需求增长几乎呈线性关系。在冷站运营的初期阶段，2 号站与 4 号站展现出了显著的优势，主要体现在较高的土地出让比例上。这意味着这两个站点所在区域的发展速度较快。伴随着周边区域的快速发展，土地资源得到了有效利用。但 3 号站、5 号站与 10 号站的土地出让比例较低，负荷增长则较慢。

②业态情况分析。前海合作区的建筑包括办公建筑、商业建筑、酒店、普通居民住宅等多种类型。综合考虑地块的用地性质、建筑密度、容积率等不同规划建筑设计指标，主要选取大型商场、甲级写字楼、普通办公楼、酒店、餐厅等 5 类较有代表性的建筑，并根据不同特点分别建模，计算冷负荷及预测售冷量。如 4 号冷站供冷范围内的建筑包括办公建筑、商业建筑、酒店、数据中心等多种类型。

6.4.1.2　设计与运营方案

设计方案需要综合考虑技术路线、设备选型、分期计划、电力报装分期计划、人员配置计划、装机规模和投资额等。积极寻求与行业内经验丰富的第三方开展合作，借助外部力量提出优化建议，在项目实施阶段根据第三方提出的建议结合项目实际情况实施。

此外，在设计方案时应充分考虑预案。例如，供冷及时性难以满足时的临时供冷方案；又如，落后于第一家用户的入驻或突发状况情况，或者是单栋楼的实际冷负荷需求提前到达；再如，10 号站前期由于各种原因导致供冷系统与用户用冷时序不能有效匹配，通过引入相变储能设备较好地弥补了供冷能力不足的难题，同时也通过引进服务的形式以较低的成本验证了相变储能设备的技术指标，避免了不必要投资。

考虑使用先进的信息通信技术，平衡系统冗余和风险管控。影响投资分期建设的因素非常多，先进的信息通信技术能够更精准地预测用户负荷，以及确定分期建设时序和建设规模，实现有效投资。

6.4.1.3　分期方案的决策

在项目可行性研究阶段，对各种分期方案就投资额、空间布局、用户用冷时序、投资经济性等指标进行比较，分析各种方案的优劣势，进而最终做出决策。

6.4.2　分期建设的实例

6.4.2.1　2号冷站的分期建设方案

区域供冷系统主要包括供冷站站房土建工程、供冷站设备工程、市政供冷管网工程以及用户侧换热设施及计量装置几大部分，需根据用户的建设进展及用户负荷增长情况合理进行分期建设、分批投入。供冷站站房土建工程和部分市政供冷管网需要一次性投入，供冷站设备工程包括制冷主机、水泵、变配电等以及用户侧换热设施及计量装置等可以根据用户负荷增长情况进行合理分期投入。

2号冷站在前期工程可行性研究阶段，根据当时所掌握的用户开发建设进展情况，考虑分两期建设。第一期建设规模约占整个2号站尖峰供冷能力的55%，约为26 000 RT；第二期建设规模约为20 800 RT。

随着对用户开发时序建设进展的逐步掌握，需进一步对分期建设规模进行调整，以便更精准地匹配用户的空调负荷需求。在可行性研究报告中对负荷增长的预测从2016年开始有用户接入使用到2019年一期完全达产，二期于2019年投产。在施工图设计阶段，根据用户接入计划调整，对分期实施比例做了调整，降低了一期实施的比例，二期实施时间延后，根据后续最新用户接入进度计划确定投产时间。从实际用户成长情况来看，受土地开发建设进度、人员入驻情况、周边配套设施情况等多因素影响，用户增长速度低于可行性研究中预测情况。可行性研究中对面积的增长按照逐年平均增长的方式进行预测，这与前海片区实际情况偏离较大。由于各地块开发建设进度不一致，即便先期出让地块已经完成建设，由于周边配套设施不完善，用户实际入驻情况可能仍未达到预期。

单元内大部分建筑完成建设后，会形成一个爆发型增长期，因而实际用户供冷曲线可能更接近 S 型，即前期负荷缓慢增长、中期迅速增长、后期平缓增长。因此，根据二单元的实际负荷增长情况，可以将 2 号冷站的分期建设方案更加精细化，通过前期与规划、招商等主管部门，以及用户进行紧密对接，从而将负荷增长的预测模型建立得更加准确，更符合实际成长情况。

2 号冷站分期建设的经验被应用到了后续冷站的负荷增长预测中，在 10 号、4 号、5 号等后续开发建设的冷站项目中，将分期建设的方案更加细化，对负荷预测的预期达产年进行调整，结合对片区发展速度的分析，制定更加匹配的分期方案。同时，原有的分期建设方案仅指冷站供冷能力的分期，再进一步细化后，可以对工艺系统内的不同专业、不同设备进行分期，以便进一步降低项目初投资，减少项目前期开发成本，提升项目经济性。

6.4.2.2　4 号冷站的分期建设方案

分期建设规模的重要输入参数是用户接入情况，因此相关数据的收集要更详细、更准确。首先，根据收集到的 4 号冷站各地块出让和建设时序情况，明确用户建设时序和接入时间。其次，根据各地块的实际接入建筑面积与接入时间，以及冷站供冷范围内其他地块的土地出让计划，考虑出租率、入住率逐步增长的情况，分析预测 4 号冷站用户接入情况与负荷增长情况。

4 号冷站一期建设及投资内容包括：①因机房土建及地下建筑无法分期施工，冷站的全部土建工程应一次性建设完成；②市政供冷管网，随着道路施工一同施工建设；③根据末端用户开发情况，按比例安装制冷主机、水泵、变配电等设备；④配合末端用户建设时序，用户换热间的设备由前海能源公司负责购买与日常维护，由用户负责安装。

随着边界条件的变化，分期建设的方案也在前期研究阶段、预可行性研究阶段、投资可行性研究阶段进行了相应调整。

①前期研究阶段。根据咨询单位 2015 年 3 月编制的《前海深港合作区桂湾片区区域供冷项目（4 号供冷站）工程可行性研究报告（审定稿）冷站部分》，综合考虑冷站施工周期、设备到货等因素，建议 4 号冷站分两期建设。一期按总尖峰供冷能力的 50% 安装设备，供冷时间为 2020 年；二期再安装其余的设备，投入建设时间为 2024 年。

②预可行性研究阶段。考虑到最早的用户前期负荷由 2 号冷站供应，4 号冷站的建设时间根据第二个用户的接入时间确定，建设时间为 2019 年。根据供冷负荷增长情况、建设投资情况，以及设备配置与冷站设计布置情况，2017 年 11 月咨询单位在预可行性研究中提出分三期建设，分期比例为 41%、30%、29%，其中一期负荷率为 41%、二期负荷率为 71%、三期负荷率为 100%。根据预测结果，三期建设时间分别为 2019 年、2023 年、2026 年。

③投资可行性研究阶段。2018 年 9 月，前海能源公司根据最新的用户建设和用冷时序情况，聘请咨询单位对 4 号冷站项目进行投资可行性深入论证，并编制了《深圳前海合作区区域供冷项目 4 号供冷站投资可行性研究报告》，报告建议按照项目供冷区域土地建设时序，可将区域供冷站分为三期进行建设，分期比例为 23%、35%、42%，其中一期负荷率为 23%、二期负荷率为 58%、三期负荷率为 100%，三期建设时间分别为 2020 年、2023 年、2026 年。

6.4.3　临时供冷方案的投资管理

4 号冷站站房附建于前海交易广场（图 6-3）地下室。前海交易广场项目建设进度较原计划出现滞后，冷站设备工程推迟至 2021 年竣工，导致 4 号冷站建设时序无法满足部分用户用冷需求，主要包括前海腾讯数码大厦、前海中英人寿大厦、前海中粮大厦三家客户。其中，腾讯的前期用冷需求可由 2 号冷站提供冷源保障，供冷管网路由也可满足接驳需求；中英、中粮两家用户最初无法确定路由接入 2 号冷站供冷管网，后在 2020 年初进行冷源调试，根据用户明确当年计划入住面积，估算用冷需求为 600 RT。

图 6-3　前海交易广场

为保障客户及时用冷，前海能源公司在投资管理阶段综合做了如下考虑：①为保证及时满足 4 号冷站前期用户用冷需求，在不突破原有项目投资立项估算金额和投资评审专家论证的原则性意见前提下，4 号冷站投资可行性研究时考虑增加临时供冷工程；②4 号冷站可行性研究投资估算中临时供冷工程费按 300 RT 供冷能力确定；中英、中粮两家用户所需 600 RT 的剩余部分，由 10 号冷站范围内自贸大厦项目转为正式供冷后撤换的 300 RT 临时供冷设备来提供冷源。

6.5 经济性与社会效益兼顾的社会经济评价

前海区域供冷系统在进行投资管理分析时需要兼顾项目经济性和社会环境效益评价,同时算好经济账和环境账。对于项目经济性分析,主要根据项目的财务评价指标来判断该项目的财务盈利能力和财务生存能力。对于社会效益分析,一方面主要考虑项目的社会效益或者社会价值,另一方面更加关注项目所带来的环境效益,如对环境的降碳减排效果等。

6.5.1 项目经济性分析

在进行项目经济性分析时,主要依据《建设项目经济评价方法与参数》(第三版)进行,并参考了《投资项目可行性研究指南》《投资项目可行性研究与经济评价手册》。前海区域供冷项目投资中冷站土建和市政供冷管网由财政投资,不计入经济性分析。根据前期规划要求和用户负荷预测,确定分期建设方案,进一步对区域供冷项目的经济性进行分析。

6.5.1.1 经济性评价指标

经济性评价指标除了计算基本参数,主要考察项目的财务评价指标、投资内部收益率、投资回收期和财务净现值指标来判断项目的盈利水平。前海区域供冷项目具有企业市场化运作属性。根据国有资产的保值增值要求,项目投资内部收益率大于行业基准收益率和银行贷款利率,项目投资回收期在12~15年。项目财务净现值大于等于零,则说明项目投资效果较好,具有一定的经济效益,然后再结合敏感性分析结果,综合判断项目的抗风险能力。

6.5.1.2 经济分析的其他参数

相较于一般建设项目经济评价参数,区域供冷系统的经济性测算更加关注能源消耗成本(如电费、水费成本),还应考虑常规固定资产折旧费、设备维护修理费、冷站工作人员工资及福利费、管理费用和财务费用等。其中,供冷电费占比约为51%。营业收入构成主要包括初装费和冷量使用费。同时还应注意天气条件、业态影响。

（1）能源消耗成本

①供冷电价成本。根据深圳市电价政策（粤发改价格函〔2017〕5306号），在进行区域供冷项目可行性研究测算时，电价按照时段（峰、谷、平段）计算，集中供冷项目在谷期的电价仅为平段电价的四分之一，能够充分发挥冰蓄冷、水蓄冷等技术为电网调峰的优势，降低区域供冷价格。

②供水价格成本。主要参考深圳市发改委和深圳市水务局公布的价格进行可行性研究测算，包括用水单价、污水处理费及垃圾处理费。

（2）营业收入构成

区域供冷项目的营业收入主要包括初装费和冷量使用费，初装费与供冷价格直接决定了区域供冷系统的盈利能力。在进行项目可行性研究时，采用的收费方案主要依据前期专业机构收费方案研究成果建议的两部制收费标准，即按照建筑面积接入费收取125元/m^2，供冷计量使用费0.57元/（kW·h），其中接入费按照10年递延分摊确认收入。

（3）天气条件和业态影响

进行项目投资经济性分析时，还应注意区域供冷的实际用冷量受天气条件和业态影响，如商业、学校、办公、酒店、公寓等业态不同，则用冷量不同。截至2023年10月中旬，前海区域不同业态供冷具体情况如下：

①办公业态。大部分写字楼的入住率达到70%，冷量消耗相对稳定。但不同行业的租户耗冷差异较大，比如互联网客户，由于人员相对密集，且单人配备2～3台电脑，散热较大，单位耗冷强度大于一般办公用户；部分租户主要为商务接待等，用冷强度及密度相对较低。

②商业业态。商业的用冷时间主要和营业时间一致。由于公共区相对较大，且目前商业入住率相对较低，部分商业的入驻率只有40%，早上需提前1～2个小时开始供冷。当商业入驻率不高时，商业用户的用冷量则处于爬坡期。

③学校业态。用冷时间基本为早上7点半到晚上6点。用冷时段可分为春秋两个学期，其中春季学期用冷高峰期集中在每年的5月至7月中旬，暑

假期间主要是工作人员及值班人员用冷需求。受深圳炎热天气影响，秋季学期用冷集中在 9 月至 12 月，冬季放假基本无需求。学校区域内在用冷期间统一设定标准温度，用冷需求及实际冷量耗用相对稳定。周末偶尔有活动存在临时用冷需求。

6.5.1.3 经济效益分析

前海区域供冷具有准公益性质，保本微利经营。2 号冷站项目一期自 2016 年启动建设，截至 2023 年 12 月 31 日，年化投资净利率约为 3%，已达可行性研究预期收益率。根据深圳中法会计师事务所 2024 年 3 月出具的《前海合作区区域供冷收费方案优化研究报告》，以 2 号冷站一期实际运营数据进行测算，项目全投资内部收益率测算与可行性研究预期基本保持一致，达到行业平均水平。根据可行性研究预测，在负荷率达到 70%～80% 时，冷站可实现盈亏平衡。

6.5.2 社会效益分析

6.5.2.1 环保效益

区域供冷采用高效制冷机组和专业团队管理，其能效大大高于分体空调和分散式中央空调，节能效果显著，减排效益巨大。一方面，集中建设的制冷设备装机容量要远低于用户自建制冷设备之和，且在夜间可以利用富余电力制冰、白天用储存冰提供制冷服务，实现夏季用电的"移峰填谷"。另一方面，城市中的人口密集区域如果分散供冷，每家的空调都往外排热，会加剧热岛效应，夏季城市局部地区气温比郊区高出 6℃ 甚至更多；而集中供冷可以大幅度降低热排放，有效缓解困扰城市的热岛效应。

从减排紧迫性来看，全球气候变暖趋势仍在持续，减少温室气体排放迫在眉睫。这将给各种环保节能技术带来新的发展契机。前海区域供冷项目通常运营期为 20 年，据测算，6 个冷站投运可减少碳排放约 152.7 万 t。其中，节约的用电量可减少 110 万 t 二氧化碳排放，削减峰期电量可减少 25.7 万 t 二氧化碳排放，集中规模效应减少装机容量，制冷冷媒使用量大幅下降，可减少二氧化碳排放量 17 万 t。

因冷却塔冷却水蒸发、漂水和排污，供冷系统需要补水，对比分散式供冷，6 个冷站采用集中供冷每年可节约用水量约 83 万 m^3。

6.5.2.2 社会效益

①节省空调机房建筑面积。经计算，已实施的 6 个冷站采用集中供冷比分散式供冷可节省空调机房建筑面积约 4.77 万 m^2，节省的建筑面积可建停车位约 1900 个。

②可释放屋顶空间。已实施的 6 个冷站服务范围内的建筑物与采用分散式制冷相比，可节省冷却塔占用的屋顶面积约 5.7 万 m^2。采用集中供冷释放的建筑物屋顶空间可用于更高价值的商业活动，同时也进一步提升城市第六立面品质。

③可削减峰期电量。前海区域供冷以电制冷为主，组合了冰蓄冷、水蓄冷和蒸汽余热制冷等工艺，能够发挥良好的电力"削峰填谷"作用。已投运的 2 号冷站一期工程 2022 年削减峰期电量约为 1300 万 kW·h，已实施的 6 个冷站达产后年均可削减峰期电量约 1.66 亿 kW·h，将有效缓解区域高峰期用电负荷，2 号冷站一期工程作为电力可调节负荷已纳入深圳供电局虚拟电厂管理中心。

④减少开发商空调初投资和用冷建筑电力容量费。以前海某大厦为例，其建筑面积为 5.41 万 m^2，采用集中供冷可为开发商节省空调初投资 459.85 万元（相当于 85 元/m^2）。由此推算，6 个冷站（服务面积约 997 万 m^2）可节省开发商空调初投资约 8.47 亿元。对比分散式空调的配电容量，区域供冷运营期 20 年可为用冷建筑节省电力容量费约 14.85 亿元。

⑤增强了供冷服务的安全性、可靠性。前海能源公司组合运用了多种技术，在市政供电停电时可通过蓄冷装置和蒸汽余热等来提供冷源。制冷机组采用工业级设备，单机供冷能力大、性能成熟稳定。片区内多个冷站之间通过供冷管网站站联通、片区联通，大幅提高了系统运行的安全性、可靠性。

6.6 投资管理创新实例

6.6.1 收费方案的优化

6.6.1.1 收费模式

采用两部制收费,即供冷单位向用冷单位收取初装费和冷量使用费,初装费按照供冷服务面积收取,用于弥补集中供冷项目建设过程中部分投资成本,在开发商物业建成后接入集中供冷系统前一次性收取。

供冷服务面积是指用户项目《建设工程规划许可证》中规定的建筑面积、接入集中供冷冷源的核增建筑面积之和。

冷量使用费按照用户实际使用冷量计收,用于覆盖集中供冷项目运营成本(包括但不限于电力基本容量费、电度电费、水费、人工成本、维修费用、税金、折旧费用等),在集中供冷项目运营期间按月收取。

6.6.1.2 收费标准

(1)新增用户

收费优化方案发布后,新增用户可在表6-4基础收费方案中任选一档作为收费标准,并在合同中标明。

表6-4 基础收费方案

档次	初装费(元/m²)	冷量使用费(元/(kW·h))
第一档	115	0.5800
第二档	125	0.5700
第三档	135	0.5600
第四档	150	0.5449
第五档	165	0.5309
第六档	180	0.5177
第七档	195	0.5077

用户在选定基础收费方案后,正式运营期的使用量可根据表 6-5 采取阶梯计费。

表 6-5　按使用量阶梯收费方案

单位面积的年度使用量	冷量使用费单价
不超过 150（kW·h）/（m²·年）的部分	P_0
超过 150 至 230（kW·h）/（m²·年）的部分	P_1
超过 230（kW·h）/（m²·年）的部分	P_2

注:①基础收费方案的第一档、第二档不适用阶梯收费方案;
②年度使用量统计于每自然年度末清零;
③表中所指面积的取值为合同载明的供冷服务面积(含规定建筑面积及接入集中冷源的核增建筑面积);
④单位面积的年度使用量＝年度使用量/供冷服务面积。

表 6-6 为除第一档、第二档以外,其余档位阶梯收费单价明细。

表 6-6　各档对应的阶梯收费单价明细

冷量使用费单价 （元/（kW·h））	第三档	第四档	第五档	第六档	第七档
P_0	0.5600	0.5449	0.5309	0.5177	0.5077
P_1	0.5320	0.5177	0.5044	0.4918	0.4823
P_2	0.4760	0.4632	0.4513	0.4400	0.4315

例:某用户选择基础收费方案的第三档,其合同载明的供冷服务面积为 10 万 m²,则

年度使用量 ≤ 1500 万 kW·h 时,冷量使用费单价为 0.5600 元/（kW·h）;

年度使用量 > 1500 万 kW·h 且 ≤ 2300 万 kW·h 时,冷量使用费单价为 0.5320 元/（kW·h）;

年度使用量 > 2300 万 kW·h 时,冷量使用费单价为 0.4760 元/（kW·h）。

（2）存量用户

收费优化方案发布前,按原收费方案的已签约用户,即存量用户,可选

择保持原收费标准，见表 6-4 中所列基础收费方案，其中第一、第二、第三档收费方案为 2016 年发布，或选择补缴初装费差额后转换至表 6-5 中初装费更高、冷量使用费更低的收费标准。

例：某用户原先选择"135 元 /m²（初装费）+0.56 元 /（kW·h）（冷量使用费）"的标准，现拟转换为"150 元 /m²（初装费）+0.5449 元 /（kW·h）（冷量使用费）"，则需补缴初装费 15 元 /m²，补缴完成的下一日起，按照 0.5449 元 /（kW·h）的标准计收冷量使用费。

对于选择原收费方案中第三档的存量用户，即 135 元 /m²（初装费）+0.5600 元 /（kW·h）（冷量使用费），在满足表 6-6 相关条件的前提下，可采取阶梯计费。

6.6.2 投资项目后评价

6.6.2.1 投资后评价的背景

2 号冷站项目（即二单元区域集中供冷项目，见图 6-4）一期自 2016 年 1 月开工建设，于 2017 年 12 月通过竣工验收。前海能源公司开展了 2 号冷站项目一期的投资后评价工作（以 2023 年 12 月 31 日为基准日），旨在对项目

图 6-4　前海二单元区域集中供冷项目开工仪式

的投资、建设、运营、效益等方面的实际效果与投资决策时确定的目标进行分析对比，找出差异，分析原因，总结经验教训，改善投资决策和项目运营管理。

6.6.2.2 投资后评价的主体内容

投资后评价的主体内容及具体分析如表 6-7 所示。

表 6-7 投资后评价的主体内容和具体分析

主体内容	具体分析
项目概况	建设地点
	项目实施单位
	投资规模
	项目性质特点
	开工竣工时间
	项目运营及现状
投资实施全过程总结与评价	项目立项及投资决策
	项目实施准备
	项目实施
	项目运营
项目经济效益评价	投资与建设规模对比分析
	主要财务目标对比分析
项目社会效益评价	节省用户装机，集约利用土地
	打造旗帜项目，擦亮前海品牌
存在的主要问题	可行性研究报告未对外部工程进度和用户入驻进度不及预期而影响本项目运营的风险进行充分提示
	附建模式下，冷站建设与主体项目的协调需加强
	竣工验收和工程结算不及时
	供冷站场地及供冷管网使用方式未明确

续表

主体内容	具体分析
改进建议	可行性研究报告需对相关风险进行充分提示
	加强与主体项目建设单位的协调沟通
	提前谋划，保证项目按计划开展
	协调冷站场地和管网的使用权
项目评价结论	基本达到保本微利的目标
	用户接入和资金回款进度优于预期

6.6.2.3　2号冷站项目一期的主要问题、改进建议

（1）存在的主要问题

2号冷站项目是前海能源公司建设的首个集中供冷项目，其设计、建设、运营的经验有限，且公司成立时2号冷站项目已进入实施准备阶段，建设工期紧迫，因此2号冷站项目一期的投资建设存在一些不足之处，主要体现在以下方面：

①可行性研究报告未对外部工程进度和用户入驻进度不及预期而影响项目运营的风险进行充分提示。2号冷站项目一期受市政给水、市政供电、卓越主体项目等外部工程滞后的因素影响，实际运营的起始日期晚于可行性研究报告预测。同时，二单元区域内其他项目的开发进度和用户入驻进度未达到规划预期，项目实际的供冷量及用冷收入与可行性研究报告估算偏离较大，可行性研究报告未对相关的风险进行充分提示。

②附建模式下，冷站建设与主体项目的协调需加强。2号冷站蓄冰池及设备基础土建等工程是前海卓越项目的附属工程，由卓越公司代建。卓越公司是主体项目的建设单位，与前海能源公司在项目的设计、施工等阶段的沟通不充分，导致冷站的实际建设面积超出卓越公司根据土地出让合同约定的返还面积，影响了项目竣工验收和结算的进度。

③竣工验收和工程结算不及时。受市政供电、卓越项目主体消防验收滞后的影响，机电安装工程竣工验收比合同约定日期延后约18个月；受卓越项

目主体工程验收进度滞后影响，土建工程竣工验收时间较合同约定延后约 2 年。项目土建代建管理合同尚未完成结算，2024 年 4 月 26 日，前海能源公司正式提交结算材料至造价站审核。

④供冷站场地及供冷管网使用方式未明确。2 号冷站项目通过市政管网实现用户供冷，供冷管网工程项目由财政资金支付，供冷站项目由公司自有资金支付。因卓越公司尚未将冷站的物业产权移交前海管理局，市政供冷管网的接收和管理单位尚未明确，2 号冷站项目一期运营至今，相关建设场地、区内供冷管网均为前海能源公司无偿使用，冷站场地及供冷管网使用授权仍未明确。

（2）改进建议

针对上述问题，建议采取以下举措提升类似项目全过程管理的科学性、合理性，保障项目的有效实施。

①可行性研究报告需对相关风险进行充分提示。编制项目可行性研究报告时需对相关风险进行充分提示，并重点关注投资估算、设备性能、建设规模、建设工期、运营策略、市场预测、外部工程对本项目的影响等。

②加强与主体项目建设单位的协调沟通。冷站为附建模式，为确保冷站项目各阶段工作的顺利开展，需加强与主体项目建设单位的沟通。通过定期召开协调会议、制定分工明确的工作计划、建立有效的沟通机制等方式，实现设计、施工、管理、竣工验收等协调一致。

③提前谋划，保证项目按计划开展。加强与用户、施工单位等的沟通，提前谋划，制定可行的项目计划，及时跟进和协调项目进展，并通过合同条款约束、合同价款支付控制等方式，明确合同建设进度和结算的要求，严格履行合同条款，督促施工单位按计划推进项目建设、验收与结算工作。

④协调冷站场地和管网的使用权。与卓越公司协调沟通，推动移交冷站场地产权；与前海管理局协调，明确市政供冷管网的接收和管理单位；推动前海管理局尽快出台《前海深港现代服务业合作区区域供冷管理暂行办法》，为集中供冷项目经营的合规性建立制度保障。

（3）项目评价结论

①基本达到保本微利的目标。因实际运行周期比可行性研究短一年，且用户入住率及用冷需求低于可行性研究预期，项目实际运营的总供冷量、总成本费用、总收入均低于可行性研究预期，但实际的单位成本费用与可行性研究的单位成本费用接近，对比项目的收费标准，基本达到保本微利的预期目标。项目运营的第六年达到设计产能，实现了可持续经营目标。

②用户接入和资金回款进度优于预期。前海能源公司积极推动客户用冷协议的签署与收款，客户对集中供冷的接受度较高。目前2号冷站项目实际接入的供冷覆盖建筑面积已提前达到设计的总供冷覆盖建筑面积，对应的初装费收款也已基本完成，提前收回了部分投资资金，有利于提高公司资金使用效率和抗风险能力，降低运营负担，促进发展。

PART 7 第 7 章

前海区域集中供冷的技术管理

7.1 城市区域集中供冷技术管理的特征与挑战

（1）区域供冷的技术系统复杂性

区域供冷系统技术对安全性和稳定性要求高。集中供冷作为一项准公共产品，服务涉及办公、商业、酒店、学校、医院等多种建筑业态，需要为用户提供一年365天、24小时不间断供冷服务。需要在制冷工艺系统中配置高保障性、高稳定性的设施，并配合快速响应的运营维护机制。

区域供冷系统体量大，系统组成复杂。相较于单体建筑或综合体建筑的供冷系统，城市级区域供冷不仅呈数十倍的供冷规模增长，而且供冷服务用户的业态更为多样，用户用冷需求也更加复杂，从而使制冷系统的技术难度和系统控制复杂程度大大增加；同时，作为城市级的供冷系统，也要像城市供水、供电、燃气一样，具有类似市政公共基础设施的安全性、稳定性等高保障性要求，在区域供冷系统的设计、建造、运营上也需要按同等标准考虑。

技术系统的接口多，项目对外协调量大。前海区域供冷系统的供冷站采用附建形式，供冷站均设置于附建建筑主体地下室，冷却塔设置于主体建筑的屋面，与主体建筑共用交通系统及消防系统。在整个建造、运营期，都会与主体建筑发生紧密的关系。此外，供冷管网敷设于市政道路下，与市政路网及其他市政管线一起形成错综复杂且庞大的地下管网。由此，造成区域供冷的设计、建造等方面技术接口多，协调量大。设计阶段是处理接口的关键环节，需要在前期与各相关方做好技术沟通，协调确认设计界面。例如：主体建筑要为供冷站做好土建预留，确保满足供冷站建设运营所需的结构承重要求、设备用房功能性要求、大型设备安装运输要求、结构本体预留预埋要求等；主体建筑机电系统要为供冷站预留消防系统接入及控制接口、要为进出冷站的各类机电管线提供敷设路由和空间等；市政道路要为供冷管网提供管道敷设路由，协调管线交叉需求，以及保障冷站运营所需的管理界面、运营条件等需求。

（2）区域供冷技术应用要因地制宜

因地制宜是区域供冷技术实现的重要前提。首先，要对地区的能源条件、能源政策进行分析；同时，研究地区的规划和定位，用户用能习惯，以及对建筑用冷负荷等条件进行分析，选择经济、适用的工艺路线。其次，冷站选址、管网布置、冷却塔布置等都需要对其落地实现的条件进行综合对比分析。因地制宜意味着区域供冷技术难以进行简单的照搬或经验复制，必须展开系统调研与针对性设计。

（3）以运营为导向的设计

区域供冷系统的设计需要以运营为导向，明确安全、稳定、及时、经济、绿色的总体目标，通过运营需求来牵引设计。例如，设计阶段不但要考虑建造阶段的需求，做好施工阶段所需的设备运输、吊装、安装条件的策划和设计，更要考虑运营阶段的需求。具体考虑方面包括设计高度自动化的控制系统，满足无人或少人值守的管理要求；运用具备大数据学习能力的管理平台，以运营经验指导工艺系统设计和运行策略制定，以保障系统安全高效节能运行；考虑完善细致的设备维护辅助设施，以提高检修维护操作的便利性和运行人员的安全保障；采用经运营验证的高效稳定的设备设施和技术参数，以提高系统可靠性；根据电价政策设计与之相匹配的工艺系统和变配电系统，提升运营经济性。

7.2 因地制宜的区域集中供冷技术组合

前海区域供冷系统技术路线的选择。首先，要对周边资源条件进行分析，如分析周边电力资源、电厂蒸汽余热资源、海水资源、污水余热资源等。其次，对实施条件进行分析，如分析用户类型及供冷规模、冷站选址位置及条件、供冷管网路由及可实施性。然后，进行制冷技术的比选，包括电制冷技术、蓄冷技术、余热蒸汽制冷技术、污水冷却技术、海水冷却技术。通过以上研究并结合前海合作区各项规划条件，因地制宜地选择技术组合路线。

7.2.1 能源条件与实施条件分析

7.2.1.1 能源条件分析

（1）安全稳定、因地制宜

前海合作区具备利用条件的能源有电能、蒸汽。合作区内电能供应充足、保障度高，且有蓄冰电价政策；蒸汽来源于妈湾电厂燃煤机组发电后产生的低品位热源，蒸汽利用受政府环保政策、能源价格波动、蒸汽输送条件等的影响因素较多。因此，区域供冷的主要能源选择是电能，从能源多样互补的角度，可部分利用蒸汽；同时，电厂蒸汽余热再利用是片区内能源梯级利用的重要路径，符合国家绿色低碳发展战略，具有一定的社会效益和环境效益。

（2）灵活互补、经济节能

前海合作区具有显著的梯级电价、蓄冷专用电价用能特征。各冷站通过技术经济分析后采用一定比例的冰蓄冷储能，可享受蓄冷专用电价带来的制冷成本降低的优惠。同时，借助区域供冷的规模效益，蓄冰系统通过夜间储能，可以显著消减整个合作区内白天高峰期用电量，对片区供电稳定具有积极作用。而且，前海区域供冷的蓄冰储能量已形成一定的规模，具备了配合电网系统调度调峰的能力，对电网侧安全稳定运行有辅助作用，也能为电厂侧节能作出贡献。

7.2.1.2 实施条件分析

（1）用冷负荷

①用冷需求周期长。深圳是中国南部海滨城市，属亚热带季风气候，长夏短冬，年均温度23.3℃，每年用冷期长达10个月以上。

②建筑负荷密度高。前海合作区三湾片区包含22个开发单元，总范围占

地面积为 14.92 km²，总建筑规模约 2700 万 m²。平均容积率达到 4，部分单体建筑的容积率可达到 8～10。例如二单元开发用地面积 42.1ha，规划主导功能为国际金融产业，采用区域供冷的公共建筑面积约 213 万 m²，供冷需求规模达到 4.68 万 RT。

（2）冷站选址、冷却塔及管网的可实施性

①供冷站选址。附建式冷站选址受限制较多。由于供冷站占地面积大，输送冷冻水的出站管道直径大，对地块的区域位置、占地面积、周边市政条件都有要求，因此供冷站选址要靠近负荷中心、地下室要有足够面积布置工艺设备、周边的市政道路要有敷设主干供冷管道的路由条件。

②冷却塔。冷却塔群对周边环境的影响包括冷却塔的散热、噪声、漂水等问题。区域供冷的冷却塔是集中布置，要重点考虑冷却塔群的散热性能。因此，冷却塔应尽可能选择敞开区域，设置于塔楼或裙楼屋面且适宜的风向下。同时还要远离噪声敏感区域。

③管网。管网的系统和布置应能保证在任何运行工况下，冷冻水都能通过管网安全、经济、方便地到达用户建筑，以满足负荷需求。在进行管网规划和布置时，需考虑如下原则：①集中供冷管网需要有高可靠性，以保证在突发情况下不中断供冷；②集中供冷管网可采用环状管网、枝状管网，无论采用何种管网形式都需要通过经济性分析来确定，必须考虑输送半径对运行经济性、安全性的影响；③集中供冷管网的主干线应敷设在负荷集中区域，以减少管线投资；④集中供冷管网应在必要的位置安装阀门以应对检修维护、事故切换等情况；⑤考虑管网敷设的物理空间条件，与其他市政管线相协调。

7.2.2　前海区域集中供冷技术路线选择

7.2.2.1　专项研究

为落实前海综合规划"低碳生态、节能环保"的可持续发展理念，前海管理局于 2014 年委托奥雅纳工程咨询有限公司开展了前海深港合作区区域供冷课题研究，后续又将区域供冷成果纳入《前海合作区市政基础设施专项规划》。在奥雅纳的专项研究中，对区域供冷应用的技术选择有以下考虑：

① 单元规划及冷负荷：结合具体单元规划，分析各单元的单位冷负荷指标。采用集中供冷的区域内，商业、办公、酒店等公共建筑的总冷负荷占所在规划单元建筑面积的冷负荷密度指标需大于 $50W/m^2$。

② 供冷半径：为保证冷冻水输送系统的经济性和安全性，供冷站的最远供冷距离不宜超过 2000 m。

③ 冷站选址：冷站宜位于冷负荷中心且服务半径不宜超过 2000 m，集中供冷站选址还需要考虑冷却塔放置地点、冷却塔运行对周边环境的影响，以及供冷站与附建建筑主体的建设时序匹配性。

④ 供冷管网规划：区域供冷管网规划应与市政道路及市政管线规划相协调，有条件时宜敷设在综合管廊内。

⑤技术路线：对污水利用、余热利用、海水冷却进行了能源利用专项研究，最终在结合前海资源现状的条件下，确定了以电制冷+冰蓄冷工艺路线为主，部分辅以蒸汽余热制冷的技术路线。

7.2.2.2 前海区域集中供冷技术组合路线

前海合作区三湾片区共规划建设 10 座供冷站，总供冷规模约为 40 万 RT，供冷服务面积约 1700 万 m^2。结合前海现有的资源条件，前海能源公司确定了电制冷+冰蓄冷、电制冷+冰蓄冷+蒸汽余热制冷、电制冷+冰蓄冷+水蓄冷的不同技术路线组合，具体见表 7-1。未来将继续结合不同冷站所在地的可利用资源，在 7、8、9 号冷站积极探索余热利用、再生水利用和海水冷却技术。

表 7-1 前海区域供冷各冷站技术组合路线

冷站	设计规模 （万RT）	服务面积 （万m^2）	技术组合路线
1号	3.3	142	电制冷+水蓄冷
2号	4.68	213	电制冷+冰蓄冷

续表

冷站	设计规模（万RT）	服务面积（万 m²）	技术组合路线
3号	1.93	86.5	电制冷 + 冰蓄冷 + 水蓄冷
4号	4.7	216	电制冷 + 冰蓄冷（静态 + 动态）
5号	6.05	275	电制冷 + 冰蓄冷
6号	2.8	73	电制冷 + 冰蓄冷 + 蒸汽余热制冷
7号	4.7	231	电制冷 + 冰蓄冷 + 蒸汽余热制冷 + 海水冷却技术
8号	3.15	152	电制冷 + 冰蓄冷 + 蒸汽余热制冷 + 海水冷却技术
9号	5.2	200	电制冷 + 冰蓄冷 + 蒸汽余热制冷 + 海水冷却技术
10号	2.31	97	电制冷 + 冰蓄冷 + 蒸汽余热制冷

（1）电制冷 + 冰蓄冷

2号、4号、5号冷站所在地区主要的能源为电力，深圳的电价政策在规定了峰平谷期电价的基础上还发布有蓄冷电价政策，截至2024年9月，深圳市前海片区20kV供电的谷期电价为0.2447元/（kW·h）。按照深圳市发展改革委在官方网站发布的峰谷分时电价政策，谷期蓄冷电价低至0.1831元/（kW·h）左右。因此，冷站主要采用电制冷 + 冰蓄冷的工艺技术路线，利用夜间低谷电价时间段充分制冰蓄能，日间尖峰电价时段充分融冰释能，如此运营的经济性更好。深圳地区峰谷电价政策，能移峰填谷，平衡电网电力波动，减小区域内峰值电力用电负荷。

（2）电制冷 + 冰蓄冷 + 蒸汽余热制冷

6号站、10号站采用电制冷 + 冰蓄冷 + 蒸汽余热制冷作为主要制冷技术，吸收式制冷机组能够利用妈湾电厂蒸汽余热制冷，降低制冷成本。

10号冷站位于妈湾片区，利用妈湾电厂的蒸汽余热代替传统电力，提高能源利用效率。根据《电厂蒸汽余热在前海区域供冷项目的应用研究》中的结论，从制冷成本考虑，10号冷站可采用蒸汽余热进行制冷。为确保系统稳定性，将冷站利用电厂蒸汽余热制冷的比例控制在30%左右，深圳招商供电有限公司可在2020年开始为前海区域供冷系统提供蓄冰电价。因此，10号冷站采用电制冷+冰蓄冷+蒸汽余热制冷的技术路线组合，分三期进行建设，一期采用电制冷+冰蓄冷制冷技术，并预留第二期和第三期采用蒸汽余热制冷的条件。

（3）电制冷+冰蓄冷+水蓄冷

冰蓄冷工艺和水蓄冷工艺各具优势。冰蓄冷工艺的优势在于其蓄冷密度较大，释冷时可提供低且稳定的温度，制冷效果较好，但系统相对复杂，设备投资和维护成本较高。水蓄冷工艺虽然蓄冷密度较低、占地面积大，但其系统简单，蓄冷和释冷过程较为平稳，系统可靠性高，投资和运行维护成本较低，且水蓄冷工艺制冷温度为4℃，与冰蓄冷工艺 –5.6℃的制冷温度相差9.6℃，制冷机的能效提高近30%，故水蓄冷工艺比冰蓄冷工艺的能效更高。如果在同一个项目中同时发挥两种技术的优势，则能够提升制冷系统的整体能效。前海3号制冷站在土建条件允许的条件下，采用了全电制冷+冰蓄冷+水蓄冷技术方案，尽量多地使用水蓄冷，既可降低初投资，减少白天双工况主机的使用时间，又能够有效地提高冷站能效和经济效益。同时，在前期片区用户入住率较低的情况下，冷站运行负荷率较低，利用能效更高的水蓄冷系统可满足小冷量负荷时的供冷需求，既节约运行费用，又可获得更高的经济效益。

7.2.2.3 冷站建设模式

前海合作区土地资源紧缺，小面积、街坊式地块开发是前海土地规划利用的特点。为集约用地，前海区域供冷的冷站建筑均附建于商业建筑或公共建筑地下室，政府在土地出让阶段，会约定土地受让单位需配建冷站土建工程，并无偿返还。

例如，2号冷站位于前海合作区桂湾片区2单元04街坊05、06地块，冷站附建于卓越地块地下二层至地下四层，冷却塔设置于地块建筑屋面，见图7-1。5号冷站项目位于前海深港合作区前湾片区8单元01街坊01地块公共空间，附建于公交场站地下室，冷却塔设置于公交站建筑屋面。

图 7-1　2 号冷站实景

从实施情况来看，附建式具有许多优势，如节约土地资源、降低建设成本、提高空间利用率等，但由于利益和诉求的不同，附建也面临一些挑战。冷站和地块建筑主体在设计阶段需要协调投资界面和设计界面、在建造阶段需要协调建设计划和施工工序、在运维阶段需要协调管理界面和运营需求。

7.2.2.4　管网技术方案

前海合作区土地资源稀缺，属于小街坊、高密度的片区开发模式，管网技术方案既要满足规划条件、技术条件、建设条件、投资控制的符合性，还要考虑未来运维的安全、可靠、便利。供冷管网的主干线通常敷设在供冷负荷集中的区域，以便缩短输送距离，减少主干管网投资。供冷管管径通常较大，管位布置首选公共绿化带下，减少占用市政道路下的空间，以及施工维护；次选人行道、非机动车道，可减少运行维护对行人车辆造成的影响；最后考虑在车行道下方。供冷管网布置还充分考虑了与土地开发时序、道路建设时序、片区用户开发建设时序之间的相互协调。供冷管网敷设实景见图 7-2。

图 7-2　供冷管网实景

管网布置形式主要为环状管网与枝状管网。

采用环状管网，供冷系统的投资较高，但系统的可靠性和安全性更强；同时具备调节供冷管网建设时序的灵活性，可随时根据运营需要在支状管网、环状管网间切换运行。环状管网具有很高的供冷后备能力，当输配干线某处出现事故时，可以在切除故障段后，通过环状管网由另一方向供冷。由于多冷源及其多条输配干线通向环状管网，极大地提高了系统供冷的可靠性，在多冷源联合供冷的大型集中供冷系统中，能够确保不会发生大面积停运。

采用枝状管网时，供冷站出站管路分多条干线，每条干线负担不同区域用户，可按建设时序要求分期建设和运营，节省投资，建设灵活性好；每条道路下方仅有一组管道，且每组干线管径相对较小，占用道路空间资源少；枝状管网末端可考虑就近连通，在增加少量投资的情况下能显著提高系统的安全性。供冷管网布置成枝状，系统简单，管道的直径沿途随冷负荷的减少而减小，管网造价低，运行管理方便，但是供冷的后备性欠佳，即当管道某处发生故障时，在损坏地点以后的所有用户供冷中断。考虑到建筑物具有一定的蓄冷能力，对于较小的管径，排除管网故障所用的时间短，短时间停止供冷，建筑物室内温升不会大幅变化。因此，枝状管网是中小型供冷系统普遍采用的管网形式。

结合供冷站选址情况、用户分布情况、片区的路网情况，前海区域供冷管网在技术方案选择上因地制宜、形式多样。例如，在妈湾片区采用由两个环状管网组成的"8"字形管网布置方式，两个环网互相连接，不但安全性高，而且运行时灵活性好。在前湾片区有5号、6号两个冷站，冷站间管网完全相连并采用"田"字形环状管网与枝状管网相结合的布置方式，即主要用户布置在环状管网沿线上，部分用户通过分支管网与主干管网相连；两个冷站运行时通过主干管网上的阀门切换控制，确保冷站间既可单独运行，也可联合运行，达到最优安全性、经济性。在桂湾片区采用枝状管网，并在末端联通的布置方式，即在两路相邻的枝状管路末端设置连通管将两路相连通，平时两条枝状管网独立运行，发生事故时一支路为另一支路输送应急冷源，既具有枝状管网简洁且经济的优点，又兼具环状管网可靠的特点。

7.3　前海区域集中供冷的全生命周期设计

7.3.1　全生命周期设计原则与要点

前海区域供冷系统的设计充分反映了安全、可靠、及时、经济、绿色的运营需求。通过各个冷站在建设和运营期间的经验反馈到前端设计，使冷站设计成果实现了持续不间断的升级迭代。

7.3.1.1　以运营为导向的设计原则

①区域供冷作为前海合作区重要的市政公用基础设施，首先要满足用户对供冷品质和可靠性的要求。

②为保证投资的经济性，应结合用户成长情况进行分期设计和建设。冷站分期规模的确定需要对片区用户成长情况进行充分论证和预测，分期设计时需要充分考虑建设对前期运行的影响，做好分期建设条件的预留。

③冷站设计需要预测项目在建设和运营过程中可能出现的风险，在设计过程中充分考虑施工安全、人员安全、设备安全、运行安全、运维便利等

要求。

④冷站设计应充分考虑能源价格变化情况，合理配置工艺系统。通过自动控制设备，实现无人或少人值守。采用高效节能技术和产品，提高供冷站综合能效。

⑤基于附建式供冷站的特点，供冷站设计需要与建筑主体设计充分配合，做好投资界面、设计界面、管理界面的划分，以及做好为冷站配套的机电条件和土建条件的预留。

7.3.1.2 以运营为导向的设计要点

（1）分期建设中实施策划的融合性

为降低建设成本，供冷站通常考虑使用分期建设。各分期之间的时间跨度一般为5～8年，分期建设需要统筹考虑以下问题。

①研判各分期规模的合理性。如分期过少，则每期设备投入明显大于需求，造成设备设施闲置或出力不足，降低系统整体能效，以及设备的全生命周期经济效益；如分期过于精细，则生产运行的时间变长，建设总成本变大。

②冷站是附建设施，首期通常会随附建建筑同步投运，但后续每期建设时，施工所需的内部外部运输通道，大型设备所需的吊装空间和通道，以及施工产生的噪声、废气等都会对附建建筑产生较大的影响，分期建设策划要充分评估外部影响因素。例如：2号冷站一期于2017年投运，2024年建设二期工程时冷站所在地块已经是非常成熟的商业街区，周边商铺林立，交通繁忙。二期工程施工涉及的施工占道审批难度极大，大型设备需要从临街商铺内吊装进入地下室，距离裙楼冷却塔最近的酒店公寓入住率高且对噪声敏感，类似难点问题需要在施工期间协调解决，关键是设计阶段要提前做好应对，将解决措施融入附建建筑本体设计中，预留好实施条件。

③冷站是一个系统工程，分期建设不可避免地会让施工对运营产生影响，要提前策划每一期的设施布局、安装运输路径、分期接驳条件、已运行设施的生产需求保障，才能把对生产造成的影响尽量降到最低；对于二次施工难度大且运输吊装条件不足的主干管线、高位设备管道等设施，难以在后期建

设中协调,应尽量在首期建设中一次施工到位。例如,5号冷站(图7-3)一期施工,将站房内高位管道全部施工到位,并为各期设备留好了管道接驳口,二期施工时仅需要做好设备吊装和就位,施工难度大大降低。

④分期建设策划中还要注重各期兼容性和互补性,既要保证后一期设备设施有条件更新迭代,采用更先进更高效的产品,又要让整个系统能够实现前后分期兼容,避免重复浪费。例如,5号冷站是前海控制中心站,自控设计初期就考虑了控制中心与各冷站系统的兼容性;同时,5号冷站计划分三期建设,在首期建设阶段就做好了整个系统架构的实施策划,确保后续分期建设时控制系统的兼容性。

(2)工艺的安全、稳定、高效与经济

在区域供冷系统中,用户负荷特性是多类型用户负荷特性的相互叠加与耦合,这与单体建筑的中央空调系统运行模式存在较大差异。

供冷站在设计阶段必须充分考量所服务建筑群的负荷特性,合理匹配制冷机组的装机容量、蓄冷系统容量以及单台主机容量,避免制冷主机在过渡季被闲置,从而让系统能够连续稳定运行,出水的水量和水温保持稳定,负荷调节能力也更强。各个制冷站都配置了冰蓄冷或水蓄冷储能系统,蓄冷能力为峰值供冷能力的30%左右。通过蓄冷能够增强应对不同负荷工况的调节

图7-3 前海5号冷站

能力，充分利用蓄冰池的显热，提升供冷的保障性；同时，在夜间低谷电价时段进行蓄冰储能，能显著降低运行费用。冷冻水系统大多采用融冰直供的方式，取消二次换热设备能够减少换热温差造成的能量损失；用户侧采用大温差供冷，极大地降低了输配水系统的能耗及初始投资。此外，区域供冷站的制冷主机数量多，设备之间相互备用，容错率很高；制冷系统管路大多采用母管制，当设备出现故障时可以单点关闭，不会影响整个系统的运行；相邻冷站之间通过市政管网相互连通后，不同冷站间的冷源可切换，进一步提高用户供冷的安全保障性。

在系统运行策略的制定方面，在获取天气情况、室外温湿度参数、用户实际需求计划后，利用专业负荷预测软件进行基本预测，并结合区域供冷系统的历史数据库对用户负荷增长情况加以分析论证。通过不断地修正和纠偏，使负荷预测与实际负荷的偏离逐渐减小，以达成精准运行、节能降耗的目标。在部分负荷工况的运行策略方面，充分发挥区域供冷的优势，例如利用夜间蓄冰储能、系统内冷却塔切换运行、优先运行高效设备、不同冷站间负荷调配等技术方案，进一步提升部分负荷下冷站的运行能效。冷冻水输配系统采用外网水泵变频及大小泵搭配相结合的方式，同时满足低负荷运行期间的设备节能需求和高负荷运行期间的安全保障需求。

在冷站设备选型方面，优先选择高效能、低阻力的设备，比如高效变频冷水机组、变频水泵、高传热系数蓄冰盘管，低阻力板式换热器、超低阻力阀门和过滤器等。制冷主机采用环保冷媒，确保设备安全、高效地运行。冷却塔采用超静音产品，降低噪声影响。电气系统采用先进可靠的设计和产品，满足工艺设备灵活用电的需求。

在外部能源保障方面，工艺系统用水配置了两路市政自来水水源，一路再生水水源；工艺系统用电配置了两路独立的市政电源，安全保障程度高；部分供冷站配置了溴化锂制冷机，利用电厂蒸汽余热制冷，进而提高系统能效以及安全保障。

此外，前海区域供冷项目在系统的设计、采购环节上更加关注设备的匹配度和效能性。根据已采购的产品不断修正和优化上下游的设备采购技术参数，使最终安装的冷水机组、水泵、风机的运行策略参照效率特性持续在高效区运行，从而达到系统稳定运行和降低能耗的设计目标。

（3）控制系统的稳定与安全

控制系统设计重点考虑稳定性和安全性。当一台设备出现故障时，备用设备能够立即接替工作，保证系统的正常运行。再者，还应保证控制系统的先进性、智慧性。要采用先进的控制设备，避免因技术更新换代而被过早淘汰，应用人工智能、大数据分析等先进技术，提高系统能效。

此外，需要保证仪器仪表测量具备高精度等级。高精度的流量传感器可以精确测量流量变化，从而让控制系统精准地调整水泵的运行频率，提高流量的匹配性，避免因流量过大而增加能耗。高精度仪器仪表能更准确地反映系统设备的状态，有助于提前发现潜在问题并进行预防性维护，减少因设备故障造成停机而产生的时间和维修成本。

前海区域供冷项目根据实际运营经验形成标准化、模块化控制要求清单，指导控制系统设计，满足运营阶段对系统的运行监控、能效分析、运营数字化管理等要求。随着运营数据不断积累，自控系统也同步优化迭代，始终运行在最佳状态，实现系统无人或少人化运营，提高系统能效，降低运行成本。10号冷站智慧运营管理平台见图7-4。

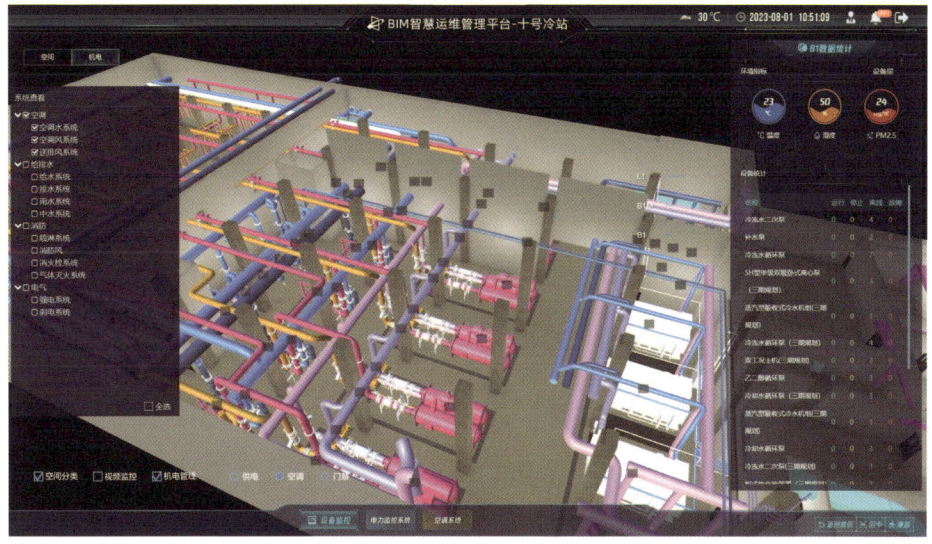

图7-4　10号冷站智慧运营管理平台

（4）供冷管网设计的可靠性、经济性

区域供冷管网服务面积大，可靠性要求高，即使在突发事件出现的情况下也不能中断供冷。为此，不同冷站间的供冷管网在技术可行时尽量相互联通，一方面，冷站间互为备用，发生事故时，相邻冷站可及时输送应急冷源，提高供冷系统保障性；另一方面，建设初期各冷站间可进行负荷调配，实现系统高效运行。

管网经济性着重考虑主干线应敷设在负荷集中区域，以减少主干管网投资；供冷管网布置形式还需要考虑土地开发时序的变化、用户使用需求的变化等外部影响因素，互相协调。

供冷管网的建设时序受道路建设时序、用户地块开发建设时序的影响较大。在规划设计阶段，需要充分考虑供冷管网存在后续动态调整的可能性，预留后续管网路由调整的技术条件，以减小实际实施的供冷管网与原规划设计的偏离度。例如，在 2 号冷站供冷管网的建设过程中，由于地块开发建设时序与供冷规划严重偏离，导致供冷管网规划进行了多次适应性调整，实际供冷范围比规划范围更大，输送距离比规划距离更远。由于这种变化的不可预测性，导致调整后的方案虽然整体可行，但细节上还是存在缺憾。如整体管网的水力平衡，对片区其他用户的影响控制方面存在一定困难，虽然能保证管网输送能力满足最远端用户需求，但部分近端用户出现水力失衡，需要通过平衡阀来增大近端阻力，为此又增加了管网系统中的输送能耗。因此，此类管网设计过程中需重点关注对于服务用户动态调整情形下的应对方案，例如可考虑为处于供冷管网远端的用户设置三级输送水泵，与供冷站内一、二级输送水泵共同组成多级泵输送系统，以降低供冷管网整体的输送能耗。

（5）设计维护要求前置考虑

在设计阶段要考虑到长期运行过程中可能面临的运行维护问题，比如设备的例行维保、清洗、检修，配件的更换等。在后续运营过程中的各种需求，都要在设计阶段充分考虑应对方案，并预留好相应的条件。大型区域供冷站设备检修空间和运维操作的需求与常规中央空调机房不同，由于冷站空间高度达到 10 米或以上，制冷主机等设备尺寸更大，大型管道和阀门所处位置更高，导致运行维护难度增加。在设计阶段就要充分考虑运行维护的需求，提前对设备布局和空间位置进行优化，预留检修空间。供冷站平面布局要充分考虑地面维修通道，确保检修车可以直接到达设备周围。如有遮挡的高位阀门，设备就要配置检修马道和维修平台。对常规设备设施难以覆盖的区域，要考虑结合智能化系统进行操控和常规维护，保障运行维护管理条件得以实现。例如，制冷主机的冷凝器需要定期清洗，因此在设计时就需要考虑制冷主机等设备前后的维修操作空间，过于紧凑的设备布局会给维修工作带来困难；蓄冰池上方有很多阀门需要操作维护，设计时就要考虑在蓄冰池液面上设置检修马道；冷却塔群周边设置环绕检修马道，便于日常清洗及维护。

（6）绿色设计

区域供冷的工艺设计应结合周边的资源条件，考虑能源梯级利用和多能互补，优先利用周边余热、余冷的资源。冷站应积极采用节能减排技术，降低系统的能耗；冷站各类设备采用高效节能类产品，如变频、磁悬浮等先进技术的应用。

（7）其他重要考虑

冷站作为附建设施，其首期工程往往与主体建筑同步投入运营。然而，在后续各期工程的建设过程中，会不可避免地引入一系列外部挑战，包括施工所需的内部及外部运输通道需求，以及施工活动产生的噪声、废气等环境污染问题。在制定分期建设规划时，必须全面且深入地评估这些外部因素，并尽可能减少施工活动对附建的主体建筑及周边建筑造成的负面影响。

①土建预留的便利性考虑。设计阶段要与主体建筑单位密切配合，充分考虑本项目大型设备、大型管道的结构承重需求，运输通道及运输荷载、吊装空间及吊装荷载的需求，并在土建工程中一次实施到位。为分期建设预留的永久设备吊装口，其位置选取需要结合道路交通条件、空间位置条件、开口尺寸、周边景观条件等因素综合进行分析，尽量避免设备吊装过程中对主体建筑产生影响。

②冷站投运的必要条件考虑。附建式冷站通常与主体建筑共用消防系统和人员疏散通道、运输通道，当附建式冷站计划运营时间早于主体建筑运营计划

时，主体建筑相关配套设施建设尚未投入使用，此时如冷站先期投入运营将会面临巨大的安全风险。因此，在项目策划阶段就要和主体建设单位提前协商，确保主体建筑的消防等配套设施在冷站投入运营时具备完善的使用功能。

③冷站噪声及白雾的治理方案考虑。区域供冷项目配置的冷却塔数量多、规模大，往往以塔群形式布置在公共建筑的裙楼或塔楼屋面，这种聚集效应会产生明显的环境影响。与常规单体项目不同，区域供冷项目的冷却塔工作时间集中在夜间，此时如果周边建筑有公寓、酒店、住宅等对噪声要求较高的场所，就可能面临噪声投诉问题。为此，设计阶段就需要做噪声治理的专项设计，一方面要选用超低噪声超静音冷却塔，冷却塔选型也要充分考虑噪声治理措施对冷却塔热工性能的影响；另一方面要通过专业的噪声传播和治理的模拟分析计算，制定出满足国家和地方标准的噪声治理方案。同样，对于低温高湿度条件下冷却塔群工作出现的白雾现象，容易被周边群众误判为火情从而引起恐慌，为此也要制定针对性治理措施，一方面是增加消除白雾的设备，另一方面是通过调整冷却塔群运行策略，减少白雾产生。2号冷站冷却塔见图7-5。

④地下冷站的除湿问题考虑。前海区域冷站均设置于地下室内，设计时经常会忽略对送入主机房的新风进行除湿处理，因此在回南天时冷站内管道、设备、墙壁、地板等设施表面极易形成结露和滴水现象，造成电子元器件损坏、管道阀件腐蚀等问题。虽然后续通过增设除湿风柜对站内空气进行除湿，但是由于站内蓄冰池辐射冷量大，空气流通不好，难以形成有效气流组织，故整体除湿效果并不理想。因此在冷站项目设计中，应考虑对新风进行预处理，结合热回收等

图7-5 2号冷站冷却塔实景

技术，对冷站高大空间的送排风进行合理的气流组织，以解决地下冷站的除湿问题。

⑤冷站内排水组织问题考虑。冷站主机房内产生的待排水主要源于设备排水、设备冷凝水排放、地下水渗入室内、消防设施排水等，如果排水组织不合理，会造成排水沟内长期积水。因此在冷站项目设计中，应对整体的排水系统进行考虑，对有排水需求的设备管道进行分区设计，通过增加排水坡度、结合疏水板等建筑地坪层处理方案形成综合排水设施，提升冷站排水能力，达到排水效果。

⑥专业间协同设计的考虑。设计阶段各工种各专业的协同不到位，容易带来设计错漏碰缺。当某一专业调整方案时，未充分考虑对其他专业可能产生的影响，要么引起专业连锁变更，要么未通知受影响专业，造成设计缺漏。比如，因工艺专业对冷却塔用电的提资条件不详细，电气专业仅设计了冷却塔的配电路由，未考虑二次线路设计，产生设计缺漏。又如，某公共区域在建筑方案调整后增加了建筑墙体及防火门，但未对消防用水、消防报警、防排烟设施做同步调整。因此，在设计阶段需要各专业间紧密配合、充分融合，确保整体设计合理可行。

7.3.2 多方联动的设计管理

区域供冷项目作为城市级的市政配套工程，冷冻水由冷站输出，通过市政管网传送至末端用户，整个供冷过程影响范围大，牵涉面广。在项目建设全过程中，对外和对内协调贯穿于整个设计管理阶段，且每个阶段侧重点均有所不同。

7.3.2.1 设计管理的协调

为保证设计最后能落地实施，并取得较好效果，建设与运营参与到前期规划阶段非常重要。在前海管理局的整体统筹下，前海能源公司深度参与规划研究阶段和建设管理阶段的技术论证工作，最大程度地保障用户及时用冷、企业安全运营。前海区域供冷项目在规划和建设阶段的技术管理协调工作主要包括对外协调和对内协调两方面。

（1）对外协调方面

①与规划和建设管理部门的联动。协同规划管理部门做好规划条件落地实施的技术论证，协助土地管理部门做好土地出让阶段关于开发商使用区域供冷和配套建设方面合约条件的复核，协助建设管理部门做好行政审批阶段的相关技术成果审核。

规划及建设阶段与政府部门的联动具体包括：规划阶段确定冷站选址、冷站建筑面积、冷却塔区域建筑面积等用地和规划指标；土地出让阶段将冷站规划条件写入土地合同中，由开发商按冷站运营单位要求配建冷站的土建主体和公共配套设施，并且按要求配合冷站建设工程的施工；供冷站所在地块开发商的报建图纸，须经前海能源公司审核并确认后，前海管理局各主管部门办理相应审批手续；前海管理局授权前海能源公司对配建项目的供冷管网进行技术审核，经审核合格后办理相应审批手续；前海管理局要求前海能源公司参与制冷站所在地块开发商的规划验收工作。

②与市政基础设施建设部门的联动。供冷管网建设于市政道路下，与市政配套的其他管线和公共设施共存，前海能源公司需与道路建设单位做好技术协调和建设时序协调。

供冷管网设计阶段与道路建设单位联动涉及如下方面：各道路建设单位统一采用前海能源公司编制的供冷管网技术标准和建设标准；道路建设单位需对敷设于市政道路下的供冷管进行统筹设计；供冷管网规划及设计阶段需研究论证市政道路分期、分段建设等可能性策划管网形式，同步考虑管网分期建设、运维、接驳的技术条件。

③与冷站所在地块开发商的联动。前海区域供冷站采用不独立占地的附建模式，既是规划创新，也是冷站运营的新模式。同一栋建筑由两个单位共建和共管，各自诉求的差异必然导致冲突和矛盾。前期要确认双方在建设界面和设计界面的要求，既要保证冷站运营和建设条件的落地可行，又要尽可能避免或减少对地块开发商在建设和使用方面的影响。

冷站设计阶段，与前海能源公司（冷站）所在地块开发商（主体单位）

的联动涉及以下几方面：前期设计阶段，前海能源公司与地块开发商明确配建冷站的土建设计界面和场地移交标准，冷站机电系统按照可独立运行、维护、计量的原则进行建设；主体单位的设计和冷站设计需同步开展，由主体单位统筹建设建筑、结构、公共区域机电设施，并按规划条件及冷站要求落实冷站各功能用房，配套冷站运营所需的交通、运输及疏散通道；冷站单位提出设备运输、吊装、安装、运行、检修等条件和承重荷载等详细土建设计需求，由主体单位在土建设计中统一考虑，并为冷站各功能房做好土建预留预埋、一次装修设计；冷站区域与建筑主体共用消防系统，并纳入建筑主体统一运维管理；冷站范围内的消防末端由冷站负责建设，主体单位需为冷站预留接入主体系统的接驳条件。

④与供冷用户的联动。用户是区域供冷系统的重要组成部分，供冷站、供冷管网、用户共同组成一个有机整体，用户技术方案的落地实施与冷站安全、高效、经济运行的目标达成密不可分。为此，前海能源公司跟踪用户的建设全过程，从设计、建造、运营等各阶段进行技术核查和技术服务，确保用户的建设成果按统一标准实现。

前海能源公司与供冷用户的联动涉及以下方面：用户签订供冷意向书后立即开展前期技术对接，提出用户端换热站的技术和建造标准；在用户的方案设计、初步设计、施工图设计阶段进行图纸审核，确保区域供冷接入条件的落实；在用户提出板换间设备供货申请后，负责复核设备技术参数；参与用户板换间的通冷验收；在各阶段及运营期为用户提供技术咨询，解决用户问题。

（2）对内协调方面

对内协调主要是在设计、建造和运营过程中，公司内部从技术层面协调各个部门，确保阶段性目标和需求的实现。

①以实现运营目标为导向，持续研究和分析生产运营中存在的问题和经验，充分收集生产运营部门对运维安全性、便利性的需求，用以指导技术更新和迭代。在新建设项目上从设计阶段就落实既有经验的反馈并加以提升，在已投入运营的项目上提出分阶段改造方案，分步骤、分阶段实现目标，不

断改善工作环境、提高生产效率。

②前期设计阶段要把控供冷系统安全性、稳定性、高效性、先进性的原则，充分进行技术路线和方案的论证，以及市场调研，提出更优化的设备材料技术标准。同时还要提前策划冷站分期建设目标，确保全生命周期投资的经济性。

③在建设阶段的技术协调，既要在前期为采购目标达成进行技术把关，又要在施工阶段做好深化设计的技术审核，确保技术标准的落实。如果在项目实施阶段对现场情况缺乏了解，未能及时作出合理的技术判断，就会存在同一个位置多次变更、反复修改的情况。比如4号冷站原设计供冷管受市政道路建设时序制约，无法匹配用户用冷需求，需新增临时供冷管工程。该工程涉及冷站所在地块内多个开发单位、参建单位的协调配合，各家单位的意见不断调整，导致工程实施内容多次调整。

7.3.2.2　全过程设计管理

（1）各阶段的重点管理工作

在可行性研究阶段，着重开展对片区能源条件的调查、目标用户情况调研以及供冷负荷增长的预测，从而选取适配的技术路线。

在方案设计阶段，主要针对已选定的技术路线进行具体技术方案的优化比选，同时大致确定冷站建筑方案的布局。

在初步设计阶段，要进一步稳固已选定的技术方案，落实主要设备的选型，对冷站的站房设计予以优化，进一步提高土建建设条件。

在施工图阶段，重点关注设计图纸的施工可行性，结合现场情况进行深化和细化，同时还要对有关保障运营安全性、便利性的设施进行细化。

（2）基于设计任务书与错题本的迭代

在实施机制上，将运营需求充分体现在设计任务书中，将相关原则、要点等详细说明，并要求设计单位进行实质性与积极性响应。在实施过程中及时发现问题，形成全生命周期设计错题本，进而反馈到设计任务书中，并进行设计技术的迭代。

例如，早期供冷管网控制阀门设计主要考虑区域供冷的总体系统设置。在实施过程中随着供冷系统分片区开发、分阶段建设，发现控制阀门的设置对供冷管网设计的影响很大。因此，后期实施中在原有规划的基础上增加了很多控制性阀门，主要包括节点控制性阀门和供回水排气、泄水阀门等。首先，根据建设时序的需要，考虑分期建设中供冷管网的搭接问题，设置节点控制性阀门可以保证分段建设中后一段建设不影响前一段供冷。其次，在整个供冷管网系统运营实践过程中，参照自来水管网的设计理念，在传统供回水闭式系统中设置排气阀门、泄水阀门，有利于供冷管网建设阶段的冲洗，并为后期运行维护阶段的排气、通断提供了便利性。

7.4 基于建设运营实践的技术创新

为了提高企业的核心竞争力，加快形成新质生产力，前海能源公司将"科技兴企"作为发展战略，在区域供冷系统技术迭代、系统运行可靠性和优化设计技术路线等方面进行了积极的探索。技术研发部门基于区域供冷系统建设、运营实践的反馈，建立研发团队并开展科研攻关与技术创新的工作。

7.4.1 研究团队与机制

2019年前海能源公司成立技术研发部门，2022年依托建投集团博士后创新实践基地开展博士后课题研究，2024年4月获批为广东省低碳智慧区域供冷工程技术研究中心，2024年6月成立绿色创新发展中心。前海能源公司建立起以绿色发展创新中心为统筹、以广东省低碳智慧区域供冷工程技术研究中心为抓手、以博士后课题为突破、以产学研合作为引领、以自主研发课题为基础、以技术研发部门为研发管理主责部门的管理体系，实现对技术创新事项的有力推进，支撑公司绿色高质量发展。

7.4.1.1 绿色发展创新中心

绿色发展创新中心是前海能源公司科技创新的管理平台、统筹机构和窗口单位，是公司内设的虚拟组织。绿色发展创新中心实行主任负责制和专家委员会咨询制管理，下设研究平台，其中工程技术中心是区域供冷系统技术研究平台，另外设置区域综合能源创新技术研究室、低碳政策研究室和绿色发展创新中心办公室（组织框架见图7-6）。其中，绿色发展创新中心负责统筹协调，整合更多资源，争取更多支持，依托工程技术中心发挥科技创新引领作用，加快形成创新引领型技术、产品和成果，支撑公司绿色高质量发展。

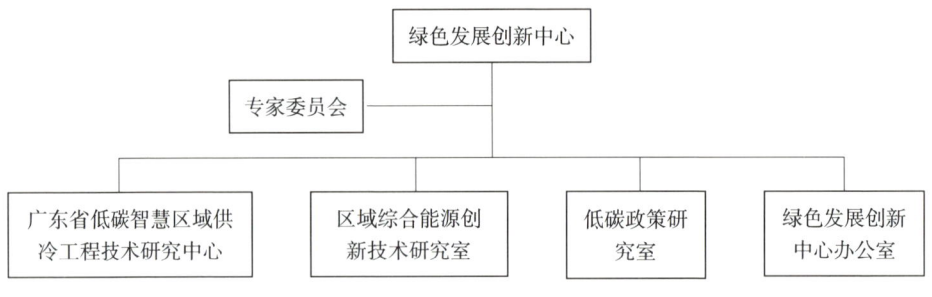

图 7-6　绿色发展创新组织架构

7.4.1.2　广东省低碳智慧区域供冷工程技术研究中心

广东省低碳智慧区域供冷工程技术研究中心依托具有较强科技创新能力的法人单位设立，是促进产、学、研、用深度融合的技术创新重要载体，也是由广东省科学技术厅认定的省级研发平台。工程技术研究中心将实行前海能源公司领导下的主任负责制和专家委员会咨询制管理，在区域供冷系统能效提升、智慧运维、智慧智能、碳中和等重点方向确定课题并开展研究。工程技术研究中心将依托前海区域供冷大平台，围绕区域供冷系统降本增效，研究解决影响空调系统的问题，促进区域供冷系统更快迭代升级。

7.4.1.3　博士后工作站

2021年前海建投获批为深圳市博士后创新实践基地，2022年前海能源公司承担区域供冷相关博士后课题研究工作，与天津大学、香港理工大学联合培养博士后。

7.4.1.4 企企合作、校企合作、深港合作

中国船舶重工集团新能源有限责任公司在光热发电和储热领域掌握国际领先技术，并开展了乌拉特中旗光热发电项目实践。储热作为区域能源重要需求，推广前景广阔。前海能源公司与中国船舶重工集团新能源有限责任公司联合成立中船前海（深圳）综合能源研究院，以储热、储能、电化学储能、氢能等多元储能为基础开展综合能源服务。前海能源公司与多所高校进行科研课题合作，开展国家级、省级、市级的研发课题申报，包括科技部重点研发计划、科技部国际合作课题、广东省科技厅研发计划、深圳市科创委等课题，将理论研究应用于实践，并委托天津大学利用机器学习、AI 智能开展区域供冷负荷预测课题研究。前海能源公司落实深港合作使命，借助服务香港区域供冷项目优势，积极推进与香港理工大学等高校研究合作，探索共建科研平台，推进技术转移、成果转化、人才培养。

7.4.2 技术创新实践成果

近年来，前海能源公司持续增加研发项目投入和管理力度，公司共立项研发课题 51 项。截至 2024 年，前海能源公司拥有研发人员 35 人，累计研发投入 3000 余万元。

7.4.2.1 重点科技项目

①与香港理工大学合作的省科技厅项目《高效区域供冷系统管网监测和异常检测软件和方案开发》。该项目针对管网监测的问题，提出基于瞬变流管网监测和异常监测的技术，将开展区域供冷系统不同场景的管道瞬变流模型开发、计算分析、实验验证等，管道异常检测软件和技术方案开发，以及工程试验校核与应用。该项目由前海能源公司联合香港理工大学，于 2022 年向广东省科技厅申请港澳科技来粤产业化项目支持，2024 年获省科技厅立项。目前项目正加快推进，计划于 2026 年底完成。

②博士后研究项目《高效区域供冷系统仿真模拟技术研究与应用技术研

发》。该项目以前海区域供冷系统为研究对象，通过 Flomaster 等软件构建区域供冷系统的水力仿真模型和热工仿真模型。仿真模型不但可以模拟主要设备的关键状态参数（总功率、供冷站供水温度、压力、流量等），还可以针对运行故障，分析故障原因，实现仿真模型在前海区域供冷系统的深度应用。此外，该课题将依托仿真计算结果，提出适用于区域供冷系统的控制理论与量化评价指标，指导区域供冷系统的优化设计和安全高效运行。项目于 2022 年正式启动，目前已完成站内模型的开发，计划于 2024 年底结题。

③区域供冷数字化运维项目。前海能源公司陆续开展了集中监控及能源管理系统、生产信息系统、BIM 智慧运维管理系统的研究开发。目前项目均已完成，切实提升了公司数字化运维的水平。

④能效提升项目《冷却水泵变频改造项目》。前海能源公司将能效提升作为专项研究课题，既有冷却水泵变频改造研究和实施是 2024 年的工作重点，目前已开展 10 号冷站、2 号冷站冷却水泵变频改造工作，计划实施 5 号冷站冷却水泵、一次泵改造工作。

⑤产学研合作项目《前海区域供冷负荷预测模型开发和应用研究》。蓄冷空调系统优化运行是降低建筑能耗的关键技术；负荷预测是蓄冷空调系统高效、经济运行的前提。2023 年，前海能源公司联合天津大学开展了负荷预测研究，通过短期建筑负荷预测，用于制定蓄冷系统在高峰和低谷时段的能源调度策略，合理安排冷水机组和蓄冷装置的能源出力，从而提高系统运行效率；通过中长期负荷预测，用于安排蓄冷空调系统一周的运行计划和月度检修，为蓄冷系统夜间的蓄冷量提供决策依据，避免能源浪费。目前项目基本完成，已开发一套负荷预测软件，计划于 2024 年底结题。

⑥虚拟电厂接入项目。区域供冷系统聚合了区域内可调空调负荷，配置了大规模蓄冰系统，可调度能力强，具有能响应虚拟电厂调度却不影响用户供冷舒适度的优势。2023 年响应深圳市虚拟电厂调度 17 次，响应电量约 123.7 MW·h。

⑦融冰冰蓄冷系统蓄冰池换热特性研究。多年来，蓄冰盘管的技术不断升级，厂家对于蓄冰盘管设备的实验研究也较为深入，但鲜有学者或机构针

对真实工况，对上百组蓄冰盘管叠加耦合的融冰特性进行研究。制冷站的蓄冰池内如果缺少传感器，就无法准确掌握蓄冰池内的换热情况，蓄冰池对于运维人员来说就如同一个黑箱，只能通过供回水管道上的温度传感器来判断剩余冰量，依据经验来操作蓄冰和融冰运行，因此蓄冰池内常会出现"千年冰"或释冷量不足的情况。通过开展该研究，可以清晰准确地掌握蓄冰池内的温度分布、速度分布情况及规律，及时掌握蓄冰池的剩余冰量，探究蓄冰池融冰过程的换热特性，为运维人员提供科学依据，对于提升整个蓄冰系统的能效具有重要的意义。目前，该项目已完成传感器布置工作并开展仿真模拟和数据分析，计划于2025年中完成项目结题工作。

7.4.2.2 知识产权和论文

截至2024年11月，前海能源公司获得知识产权60项，已有发明专利25项（图7-7）、实用新型专利16项，相较于同行业属于领先水平。近3年，发表学术论文22篇，其中在《暖通空调》《制冷与空调》《中国电机工程学报》《天津大学学报》等核心期刊发表论文14篇。

公司研究主要围绕解析和解决区域供冷系统在前海运行过程中的重点问题，特别是针对区域供冷系统能效COP分析、外网泵运行与控制、管网输送能耗分析、用户板换间自动控制分析、设备设施局部阻力影响研究以及行业内的共性、痛点问题进行研究，并已形成系列研究成果。例如，区域供冷系统与用户之间通过市政供冷管网相连，一般认为是增加了冷冻水输送距离，管道冷损失对输送能量的影响较大，导致实际不节能。而研发人员通过对管网冷损失进行研究发现，在一定的输送范围内，管

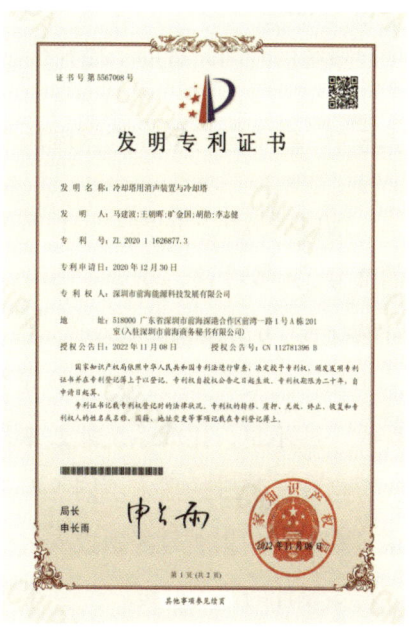

图7-7　发明专利授权证书

道保温完善的情况下，管网冷损失主要取决于管网负荷率，管网负荷率减小，则管网冷损失率增高。10 号冷站一期在接近于满入住率时，管网全年的冷损失率仅为 1.5% 左右，为可接受范围。

在对外网泵运行与控制的研究中，研发团队提出了水泵工作区概念。对前海 10 号冷站供冷管网的运行工况组合，即对 11 个板换间、5 个工况（100%、75%、50%、25%、0%）分别计算外管网压降，得到外管网水泵工作区。该模型结果可用于指导水泵设计选型，能在整个水泵工作区内选择合适的台数与频率，且运行在高效区。此外，建立的水泵工作区数学模型还可以通过测量各板换间换热站冷冻水流量的实时数据，预测冷站需要向管网供应冷冻水的流量和扬程，从而确定水泵运行台数与频率，简化外网输送泵的运行控制。

7.5 技术创新与管理实例

前海能源公司积极开展区域供冷实践，大力开展研究创新。一方面，将研究成果应用在前海区域供冷项目，解决前海区域供冷系统中存在的问题，加快系统迭代升级。另一方面，将研究成果与行业共享，解答行业内对区域供冷系统的疑问，有助于提升行业整体水平。

7.5.1 基于运行反馈的区域集中供冷技术迭代与优化

前海区域供冷的冷站设计按时间可划分为几个阶段：2014—2015 年设计的 2 号、4 号冷站；2017—2018 年设计的 5 号、10 号冷站；2019—2020 年设计的 3 号、6 号冷站。在开展 2 号冷站设计的过程中，作为前海区域供冷的第一个站，主要是参考国内其他同类项目。虽然前期做了大量调研工作，但仍存在一些不足，比如系统能效未达到较高预期、设备选型匹配性不足、未能充分考虑运行维护需求不同工况之间的切换复杂条件，难以满足实际运行需求。在总结积累 2 号冷站投入运行以及后续多个冷站设计的经验之后，实现了冷站设计的迭代升级。

前海区域供冷 3 号冷站服务面积约 86.5 万 m^2，采用电制冷 + 冰蓄冷 + 水蓄冷的制冷工艺，最大供冷能力约为 1.93 万 RT，一期供冷能力约为 1.06 万 RT。通过先进的设计模拟软件等工具的使用和多种优化设计方案的组合应用，3 号冷站设计全年系统综合能效等级达到一级标准。此外，在站房设计布局方面，相对于 2 号冷站，3 号冷站充分考虑了设备的维护、检修、清洗等需求，对设备布局做了很大优化，为运行维护提供了便利。

7.5.2 站站互联：供冷的安全、及时、经济

在前海区域供冷的规划初期，供冷管网设计考虑了站与站之间的互联互通。最初，这种互联互通主要出于安全性考量，一旦某个冷站出现故障，另一个冷站便能通过站与站之间的连通管道，将冷量输送至故障冷站所在区域，从而为该片区域的用户提供应急保障。实践过程中，发现通过这种站站互联，不但可提高供冷安全保障，还能实现对用户供冷需求及时性的保障；同时，通过站与站之间的负荷调配，还能实现冷站的高效、经济运行，因此在后续的管网设计中对安全、经济、及时性等进行了综合考量。从实践来看，站站互联保障了供冷的安全性、及时性，提升了运营效益。

例如，桂湾片区 4 号冷站供冷管网与 3 号冷站供冷管网在规划层面是经由末端联通管道实现联通的，4 号冷站建成并投入运营的时间早于 3 号冷站。当 3 号冷站仍在建设过程中时，用户就已经产生了供冷需求，如按照原本的规划 3 号冷站无法提供供冷服务。在这样的情况下，末端联通管彰显出了巨大作用，通过末端联通管把 4 号冷站的冷冻水输送给 3 号冷站的用户，满足了先期开发用户的供冷需求；并且在 3 号冷站和 4 号冷站都未达到满负荷运行的状态下，由 4 号冷站为 3 号冷站的先期用户供冷，能够提升 4 号冷站机组的运行效率，实现运行的经济性，也获得了颇为理想的运行效益。同时，借由 4 号冷站为 3 号冷站的早期用户进行供冷，得以推迟 3 号冷站的建设时间，在一定程度上延缓了 3 号冷站的资金投入进度，进而实现了区域供冷项目整体的投资优化、经济效益提升。

此外，4 号和 2 号冷站之间也形成了站站互联。在前海的 10 个冷站中，2 号冷站最成熟，负荷增长最快，这是由于该区域的地块销售进展较好、开发

速度较快。根据 2023 年测算，2 号冷站一期已经满足不了片区新增用户的需求。因此，制定了一个 4 号冷站与 2 号冷站联合的供冷方案。相对于单独在建冷站，联合供冷方案更经济，可以极大地降低投资成本，同时保证二单元片区供冷的可靠性。

实现联合供冷需具备一定的前提条件，一是在前期方案设计时从技术上进行预留，二是在实施过程中对供冷管进行冲洗，将供冷管中的死水或脏水冲洗出去，防止管道堵塞或脏水随供冷水进入用户侧。

第 8 章

前海区域集中供冷的建造管理

8.1 城市区域集中供冷建造管理的特征与挑战

（1）城市级规模建设的特征与挑战

城市级规模的冷站与管网建设受大量的外部干扰因素影响。前海区域供冷所在区域为高密度开发区，标段和用冷单位多，任何干扰因素都会影响建设时序。此外，区域供冷的参与主体也多，各主体之间的协调和沟通复杂，各方之间需要建立紧密的沟通和协调机制。城市级规模供冷建设需要政府部门发挥协调作用，制定合理的规划，促进冷站、主体或用户端建筑、市政道路、管网等同步建设。

（2）附建式冷站建设的特征与挑战

附建式冷站给建造管理带来诸多挑战。首先，附建式冷站建设接口复杂。由于附建式冷站与主体建筑（或公共空间）的建设投资主体不同，冷站机电设备安装工程和主体土建工程的参建方也不同，因此，整体的设计、监理和施工等均存在复杂的技术和管理接口。

其次，附建式冷站与主体建筑（或公共空间）的建设时序容易产生矛盾。冷站的建设、投运时序取决于区域内用户用冷的需求，一般冷站建设的紧迫性优先于主体建筑（或公共空间）。因此，既要实现冷站的及时建成与投用，确保末端用户用冷需求，又要有效协调与主体建筑（或公共空间）的消防、部分室外工程等的建设，实现同步设计、同步施工、同步验收的挑战极大。

再次，附建式冷站机房一般设置在地下室，冷站内制冷工艺设备和管道的材料大、重、多，运输吊装通道的保障难度大，作业空间受限，水平和垂直运输通道、通风和消防等的作业环境、交叉作业工序安排都面临巨大挑战。

最后，冷站建筑均附建于房建或公共空间地下室，冷站建筑的防水性能关系到冷站机电设备的运行安全，也直接影响冷站建设和运行期间的作业环境。在冷站建设时还需要充分考虑冷站后续维护的便利性。

（3）供冷保障的特征与挑战

区域供冷系统的建设以满足用户用冷需求为目标，区域供冷的时间通常是刚性要求。如果用户已入住却无法用冷，将影响正常的办公和生活，负面影响极大。冷站的开工建设时间取决于服务区域内首个用户的用冷需求时间，特别是片区内的首个冷站。但实际上，冷站的建设还面临突出的建设时序挑战，例如，冷站建设与用户主体建筑（或公共空间）建设时序不匹配，供冷管网与道路工程建设时序不匹配等。此外，冷站建设也受市政配套设施建设进度的影响，需要统筹考虑水、电等市政配套工程的建设时序。

（4）建造技术的特征与挑战

区域供冷系统的安装也对建筑主体提出了技术要求，包括工艺、土建、结构、消防、电气、暖通等多专业的技术要求。冷站部分机房位于地下室，高处作业、大管道非常规吊装、冰池有限空间作业、临时消防措施、临时通风措施等施工都对项目管理提出较高要求。供冷管网的管径大，采用直埋的方式，一旦现场施工空间有限、开放挖坡难度大，往往要采取风险较高的深基坑作业。因此，建造技术的复杂性给安全施工和管理带来较大挑战。

（5）建设审批的特征与挑战

由于采用附建方式，供冷单位在推动建设进度方面存在难度。因此，供冷单位需要关注审批程序，使主体建筑在用地规划许可、工程规划许可、消防设计审查、消防验收等环节涵盖冷站审批需求。此外，办理施工许可证、竣工验收、物业移交等也存在程序上的困难。

8.2 前海区域集中供冷建造管理的总体策划

8.2.1 建造管理方式与界面

8.2.1.1 建造管理方式

由于资金来源不同,以及考虑建设界面管理的有效性,前海区域供冷的建造管理模式包括自建、代建和配建三种。

（1）自建

前海能源公司负责投资与建设。

（2）代建

建设单位通过公开招标或直接委托的方式选择代建单位。代建单位严格遵循合同条款,承担起代建项目的全面建设管理职责,确保在项目投资、质量把控、安全保障及施工周期等方面均达到高标准要求。待项目通过严格的竣工验收程序后,代建单位将项目移交给建设单位,确保交接过程的顺畅与高效。在前海区域供冷建造管理中,代建包括两种情形:第一种是前海管理局委托前海建投集团代建,但考虑到施工界面划分和协调的便利性,前海建投集团再委托地块开发单位代建。第二种是前海管理局直接委托前海建投集团代建。

（3）配建

配建是指在《土地使用权出让合同》中约定由用地开发单位负责相应投资与建设,竣工验收后移交政府。政府在《土地使用权出让合同》中约定冷站土建、市政供冷管网工程由地块开发单位建设,竣工验收后移交前海管理局。

8.2.1.2 建造管理界面

（1）附建的界面

前海区域供冷站采用附建方式,需要有效处理实施界面问题。前海区域供冷的冷站站房土建及配套工程、用地红线内的供冷管道工程、用户换热站及配套电源、水源工程等由地块开发单位负责投资建设。冷站制冷设备、冷站机电工程、装饰装修工程以及用户换热站的板式换热器、计量装置等，由前海能源公司负责投资建设。

（2）供冷管网的界面

区域供冷管网与用户设计界面以用户用地红线为分界线。用地红线内的供冷管道（二次管网）由地块开发单位负责投资、建设、维护与管理。市政供冷管网（一次管网）由前海管理局负责投资，所有权归前海管理局，并无偿提供给供冷单位使用，但供冷单位要负责一次管网的维护与管理，并承担相关费用。同时，前海能源公司针对区域供冷的自建管网工程、代建管网工程和配建管网工程分别制定了具体的管理标准和管理流程。

（3）用户的施工界面

用户的施工界面主要是用户换热站界面分工问题，其中换热站是指用冷单位换热设备安装区域，包括换热间和计量间。前海能源公司按照《深圳市前海深港合作区区域供冷技术规程》的标准负责区域供冷用户侧设备的投资、管理与维护。用户负责换热设施用房及配套的电源水源、用户空调末端设备设施的投资、建设、管理与维护。

用户施工界面的关键活动主要有两部分：一是设备供货，包括供货时间、供货指令下达、工厂监造、设备进场、开箱验收移交；二是用户换热站设备安装，包括用户用冷工程验收、用户侧板式换热器专项验收、用户侧数据远程监控、工程移交。

同时，为规范前海合作区区域供冷用户换热站工程管理，明确供冷单位与用户的工作界面以及各部门的工作职责，指导用户换热站的设备供货、安装、调试及验收，顺利实现用户通冷，前海能源公司制定了《前海区域供冷用户换热站工程管理作业指引》。整个指引流程分别有货物供应通知书、用户侧设备开箱验收（移交）记录表、用户侧设备安装要求、前海区域供冷用户换热站现场检查意见单、前海合作区区域供冷用冷建筑用冷工程验收单。每个流程、每项工作对应不同的部门或小组，包括客服部门、项目管理部门、验收组、用户和设备供应商，职责分工明确、流程清晰，便于交接和管理。

8.2.2 建造管理标准化

前海能源公司制定了一系列标准化管理流程、工作指引和办法等,以规范建造管理过程。

8.2.2.1 供冷站建筑工程

为指导公司技术人员开展冷站建筑工程的设计、施工管理工作,制定了《冷站建筑工程建造指引》,有助于公司技术人员就冷站建造的要点,对冷站的设计、施工单位明确要求。在冷站工程建设阶段制定工程实体移交标准——《前海区域供冷冷站土建工程移交作业指引》,进一步明确区域供冷系统管理权限的转移,为土建、安装移交提供依据。

8.2.2.2 供冷管网工程

为规范供冷管网工程管理工作流程及管理要点,确保供冷管网工程质量符合标准要求、运行稳定可靠,制定了《供冷管网工程管理工作指引》。根据供冷管网工程的建设模式,制定了《代建及配建供冷管网工程项目管理工作指引》,规范代建及配建供冷管网工程项目管理工作流程,明确公司各部门的职责分工,确保代建及配建供冷管网工程质量符合标准要求、运行稳定可靠。

8.2.2.3 用户换热站工程

为了规范前海合作区区域供冷用户换热站工程的管理流程,清晰界定公司与用户之间的工作界限,并明确公司内各部门的具体职责分工,前海能源公司制定了《前海区域供冷用户换热站工程管理作业指引》及《建设工程材料设备管理指引》,内容涵盖从设备供货、安装、调试到验收的全过程,确保用户换热站能够顺利实现通冷目标。这两份指引旨在为用户提供详尽的指导。同时,通过规范建设工程材料设备的管理,确保所有材料设备均符合工程建设的实际需求与质量标准,为工程的顺利进行提供坚实保障。

8.2.2.4　其他管理流程、办法和指引

为加强建设工程项目监督管理，更好地控制工程施工安全、质量和进度，规范巡检行为，制定了《建设工程巡检办法》。同时，前海能源公司内部还制定了《工程变更管理办法》《工程签证管理流程》《工程验收管理作业指引》《工程档案管理办法》等，保证区域供冷系统在建造过程中实现精细化管理和全面管理。

8.2.3　分期建设与临时供冷方案策划

8.2.3.1　分期建设方案策划

根据供冷站的规划布局，单个冷站可能服务于一个地块或多个地块。不同地块的开发建设时间不同步，一个地块内不同建筑的开发建设时间也不同步，但客户用冷的及时性又是冷站建设的刚性要求。因此，为减少前期的资金投入和设施的闲置，以及满足客户用冷的及时性要求，冷站通常需根据地块的开发时序进行分期建设。在投资管理章节，已经介绍了立项阶段的分期投资策划和安排，本节主要从建造管理的角度，重点分析分期建设下的建造管理。

（1）冷站分期建设的原则

在供冷站的平面布局设计时需要充分考虑冷站分期建设的可行性。为保证所有设备能够顺利运输到位，且不影响冷站的正常供冷，供冷站的平面布局中需要预留出合理的设备运输通道，大型制冷机的布置应尽量靠近运输通道的入口处，小型设备可布置在运输通道的尽头。具体遵循以下分期建设的原则：

①土建配套设施一次建设到位。由于不同设备厂家对设备要求的基础尺寸不一样，设备混凝土基础需要根据设备安装进度进行施工。

②制冷机、蓄冰槽、水泵、冷却塔及其配电设施根据土地开发进度进行安装；市政供电主进线分期敷设到位。

③冷站内的主管按照最大供冷量进行设计，一次敷设到位，预留接口。

④辅助设施,如水箱、自来水管、照明、定压补水设施一次安装到位。

⑤控制系统一次设计安装到位,预留接口。

⑥供冷管网及其附属设施需根据供冷区域内的道路建设时序同步建设。

(2)10号冷站一期Ⅲ标的建设方案比较

前海10号冷站规划建设综合考虑了用户实际负荷增长情况,以及冷站设备投资的经济性,分三期建设。因前期阶段用户少负荷较小,且10号冷站一期建设时未实行峰谷电价,从投资经济性上考虑,将一期分为3个标段实施,其中蓄冰系统结合电价政策于Ⅲ标实施。2018年建设Ⅰ标工程;结合用户负荷的增长情况,2020年建设Ⅱ标工程;2021年前海妈湾实行峰谷电价,开展Ⅲ标工程建设。

10号冷站(见图8-1)位于19-08-01地块公共开放空间(一期),服务区域为19单元办公、商业、酒店等业态,服务面积99.27万m^2,总装机容量1.8万RT,尖峰供冷能力2.37万RT。三期的装机容量分别是7800RT、3600RT、6600RT。冷站一期工程分为3个标段实施,一期Ⅰ标装机容量3400RT,一期Ⅱ标装机4400RT,一期Ⅲ标将根据需求实施。

在2021年,一期Ⅲ标进入启动阶段,并进行了多方案比选。首先,预

图8-1 十号供冷站实景

测用户入驻情况和用冷计划，通过用户入驻进度预测和月度使用系数综合预测 2021 年、2022 年用户负荷增长情况。预测得出，2021 和 2022 年用户最大负荷为 4495RT 和 6414RT。其次，形成两个方案，对供冷能力、经济性等进行比较分析。

方案一采用电制冷主机供冷，无蓄冰系统。根据 10 号冷站当时的设备配置，最大供冷能力为 6600RT。因此，10 号冷站现有设备配置采用电制冷直供方式能满足用户供冷需求。根据该方案，可计算得出全年电费。

方案二采用电制冷 + 冰蓄冷。该方案新增蓄冰系统的工程建设投资约 1800 万元，工程范围包括蓄冰装置及相应管道系统的安装，以及蓄冰池防水保温的实施。全年电费合计较方案一节省约 343 万元 / 年。考虑蓄冰盘管设备折旧费用以及维护费用等运行成本，节省费用约 278 万元 / 年，远高于投资贷款利息和投资收益。

除 1、2 月外，方案一相较于方案二月节省运行费用均高于投资月利息，且在 5—9 月供冷季时效益最高，方案二提高了冷站的供冷保障能力。

8.2.3.2　临时供冷方案

（1）临时供冷的必要性

①建设时序问题导致不能满足客户需求。

由于建设时序等问题造成不能按时供冷。为了满足客户需求，常采取临时供冷。临时冷站可以根据用户的实际需求进行设计和建设，具有灵活性高、建设周期短等优点。临时冷站通常使用移动式制冷设备或租赁制冷设备，待正式冷站建成后再进行替换或撤除。

例如，10 号冷站一期机房建设在公共空间的地下室。一期建设时，由于土建施工原因，地下室施工建设时序落后，土建建设时序未能满足机电安装的场地需求。为了保证自贸大厦供冷需求，前海能源公司经过论证后采取了临时供冷措施。将临时供冷站建设在自贸大厦地块，采用一体化的供冷主机和相变蓄冷技术。在建造过程中，为了能保证供冷的及时性和冷站的建设时序，采取分区域、分阶段施工方式。例如，在地下室的基坑中，部分区域的基坑封顶后，即开展分区移交，并进行冷站的建设与施工。

类似的，5号冷站同样因为建设时序不匹配且为了满足客户用冷的需求，也采用了临时供冷方式。同时，为了追赶建设时序，土建通常分步进行移交，机电与土建工序进行穿插。穿插作业过程需要与土建单位协同制定计划，保持紧密沟通与合作。

②供冷的经济性考量。

区域供冷项目规模较大，投资较大。若冷站一次性建设完成，项目运营初期使用率低，收入少。因此，前海能源公司采取分期、分批投资建设冷站方式，根据用户需求预测结果，制定阶段性计划，然后不断细化、优化，既要保证用户的需求，又要满足经济性原则。建设临时冷站不但可降低初期的投资费用，满足供冷需求，还可减少设备闲置带来的折旧费用，同时保留供冷扩容能力，满足随开发进度不断增加的用冷需求。

（2）城市区域级的冷站系统规划

在2号冷站、5号冷站、4号冷站、10号冷站均采用了临时供冷设备，由于各冷站分属3个片区，各区建第一个冷站时，为满足用户的及时性要求，便采用了临时供冷。一方面采用临时供冷满足及时性要求；另一方面，也考虑临时供冷投资的经济性，充分实现经济效益。临时供冷的投资在可行性研究阶段已进行了考虑和测算。

前海采用临时冷站主要包含两种情形。一种是按用户需求来设置临时供冷，并在单个地块提供的场地里，设置冷站。另一种是在市政供冷管的某个位置申请临时用地，放置临时供冷设备，直接接入管网，比如4号和5号冷站。

（3）微众银行临时供冷方案

3号冷站附建所在地块当时尚处于基坑施工阶段，场地移交时间严重滞后，冷站建设时序不能满足微众银行、风投大厦等用户用冷需求。解决方案是利用4号冷站进行临时供冷。

①临时供冷规模分析（表8-1）。临时供冷使用时间为2021年12月15日到2022年第一季度，临时供冷规模为350 RT，调试用冷负荷预估为正式用冷负荷的10%。

表 8-1 临时供冷用户的用冷负荷分析

月份	月份系数	用冷负荷（RT）
1	0.59	2702.2
2	0.59	2702.2
3	0.71	3251.8
4	0.76	3480.8
5	0.88	4030.4
6	0.94	4305.2
7	1.00	4580.0
8	0.94	4305.2
9	0.94	4305.2
10	0.82	3755.6
11	0.65	2977.0
12	0.65	2977.0

当时已购置的一体式临时供冷主机配置如表 8-2 所示：

表 8-2 临时供冷主机配置表

现放置场地	主机规格	数量（台）	后续使用情况
5 号冷站临时供冷场地	150RT	2	2021 年 11 月提供给用户使用
	300RT	1	2021 年 11 月提供给用户使用
	350RT	3	其中 2 台于 2021 年 11 月提供给用户使用，另外 1 台闲置
法治大厦	150RT	2	其中 1 台于 2021 年 11 月提供给用户使用，另外 1 台闲置

②配套条件包括：a. 临时供冷场地选址。设置在创新九街供冷管施工场地内，该场地的地面已用混凝土硬化，无需办理用地手续，且场地围挡封闭便于管理。b. 给水接驳条件。梦海大道与创新九街交汇处人行道有市政给水阀

门井，距拟设置临时供冷场地约 50 m。施工单位联系水务部门完成给水管的接驳，水表由水务部门安装，后续产生的水费由前海能源公司自行缴纳。c. 供冷管建设情况。创新九街（梦海大道东侧）及创新六街供冷管道均已施工完成，即从临时供冷选址位置至微众的供冷管已贯通。临时供冷系统与市政供冷管的连接处增加三通和阀门。d. 供电方案。临电方案：按照 1 台 350 RT 主机配置，估算需 450 kVA 用电容量。临电布置选址：临电箱变安装于创新九街和梦海大道交汇处，管网施工围挡内，贴近主机布置。

临时用电也考虑了三个方案。方案一：借用临时主机安装位置周边在建项目施工用电，经核实，周边在建项目已无负荷余量可供临时供冷。方案二：采用临电共享方式向前海供电租赁临时用电。临电共享最小租用容量为 500 kVA，首期租赁期为一年，项目交付期为 60 天。方案三：实施临时用电安装工程。需要前海供电出具供电方案，由于供电方案未定，具体电源接驳点至用电位置的路由不确定，费用估算目前无法给出。参考类似项目报价（外线接驳点至用电点距离为 1.6 km），项目交付时间为 45 天。相比较三个方案，方案三采购临时用电安装工程，具有可行性，成本相对较低，周期较短。同时，项目报停后，相关箱变和电缆仍为前海能源公司自有资产，可作为后续冷站建设过程中的临时用电保障。

③建设计划。临时供冷建设计划包括 2021 年 10 月 30 日前完成决策，12 月 15 日前完成实施。临时供冷实施方案中 4 号冷站（一期）安装工程施工合同包括临时供冷暂列项，可由承包商负责实施。同时，委托专业单位实施临时用电安装工程。

④建设费用。临时供冷采用 5 号冷站已闲置的一体式制冷主机，无制冷设备购置费用。临时供冷费用主要为供电方案成本和设备安装费，可由 4 号冷站总包实施。费用测算主要包括建筑工程费、安装工程费、施工措施费、设备转运及吊装费、拆除工程费、用电工程费。其中临电共享采用租赁方式，临时用电安装工程中部分设备和材料可回收。

8.3 建造全过程管控

8.3.1 总控计划

8.3.1.1 总控计划的制定与实施

为了保证客户用冷的及时性，供冷单位根据片区内客户用冷时限确定供冷目标，通过倒排的方法制定冷站项目的总控计划，明确设计阶段、招标阶段、报批报建阶段、施工阶段和验收移交阶段等的工作流程、工作内容和建设时序。并制定了冷站项目总控计划管理流程，从制度上保证区域供冷系统的建设时序与客户用冷的及时性。其中，冷站项目总控计划管理流程包括流程目的、适用范围、总控计划制定、总控计划实施、总控计划监控和总控计划预警机制及其调整等，实施全面、及时的动态管理与控制，确保冷站项目按照总控计划顺利执行。

（1）总控计划的制定

①在冷站项目通过投资决策后，项目管理部作为冷站项目总控计划制定与执行的总体责任部门，组织公司各部门根据冷站土建建设进度、客户需求、已有冷站供冷能力等开展冷站项目总控计划编制工作，在投资决策后三个月内完成审批。

②项目经理根据《冷站项目总控计划》中相应节点要求，督促项目组各专业工程师编制完成项目专项计划。

③项目经理根据公司投资决策、经营计划等公司专题会批准的项目建设要求，组织项目组各专业工程师编制《冷站项目总控计划》，其中三级节点计划报项目管理部的负责人审定；二级节点计划报相关业务的分管领导审核后，报项目管理部的分管领导审定；一级节点报公司总办公会审议后，报公司总经理审批。

④项目管理部将完成审批的《冷站项目总控计划》报备至公司经营计划管理部门，并由经营计划管理部门发送至各相关部门及人员，各相关部门及人员按照正式发布的总控计划执行。

在制定总控计划时，重点考虑以下几方面的建设时序：a.由于冷站采用附建模式，冷站机电设备的施工与安装需要在土建场地的基础上进行，因此对土建场地的建设时序要重点关注。b.市政配套设施的建设时序也会影响供冷的及时性。例如市政道路、供水、供电、排水等。其中，供电是保证供冷的决定性因素，因为前海区域供冷主要采用电制冷＋冰蓄冷，如果供电保证不了，就不能提供冷源。c.地块内（代建、配建等）、地块外（水、电等）由不同的团队开发建设。作为平行部门，各部门诉求和需求的统筹协调工作（联系会、现场会、协调会），需要建立分层分级的协调机制。d.对于内部管理方面，涉及各个部门之间的分工协作与配合，需要调配好组织、目标和专业上的协同。对于招标时序，如设备的招标时间是刚性的。

（2）总控计划的实施

①项目经理带领项目组成员按公司正式下发的计划推进相关工作。

②项目组工程师按年度进行三级节点计划的细化调整，在施工单位招标后进行施工专项计划的三级节点细化；招标采购部门在合约规划获批后进行招采计划二级节点的调整与上报。

③项目经理根据项目实际进展及总体计划执行情况，定期编制《项目计划报告》，报项目管理部负责人进行审核。

（3）总控计划监控

①项目计划管理的各级责任者，按"管一级、控一级"的原则履行计划管理责任。公司经营计划管理岗负责监控一级节点计划（含里程碑节点计划）；相关业务分管领导负责监控二级节点计划；项目管理部负责人负责监控三级节点计划。

②项目组各专业工程师应对项目专项计划及其他工作计划完成情况进行总结，分析相应工作计划执行过程中存在的问题及难点，提出改进措施及建议。

③项目经理定期总结项目工作计划完成情况，对计划产生偏差的原因进行分析并提出改进措施，项目组按要求落实。

④项目管理部负责人定期向公司领导汇报各项目计划执行情况，对发生偏差的项目提出改进要求，项目组按要求落实。

（4）总控计划预警机制及其调整

①计划预警信息由该节点主责部门负责人或主责人向项目管理部提出，也可由项目组或项目管理部在掌握计划实施部门的计划进度状况后提出，并填写《项目计划预警与整改单》。

②公司各部门应及时跟进项目组各专业工作的执行情况，同时给予专业技术支持，并对计划执行过程中的异常情况提出改进意见，以推动项目计划管理目标的实现。

③各部门一旦发现计划延误，应及时通知项目组调整项目节点计划，项目组根据节点类型，按对应的总控计划审批流程上报审批。

④项目管理部完成计划的审批与调整后，应及时将调整结果报备给公司经营计划管理部门。随后，经营计划管理部门承担起将这份已调整的计划传达给公司内部所有相关部门及人员的职责，确保信息传达到位并督促执行。

总控计划表具体内容如表8-3所示。

表8-3 总控计划表

序号	任务名称	节点类型	工期	开始时间	完成时间	前置任务	阶段性成果	主责部门	备注
（一）设计计划									
1	方案设计	三级					方案设计文本	技术研发部	
2	初步设计	二级					初设图纸、概算文件	技术研发部	
3	施工图设计	一级					施工图纸	技术研发部	
（二）成本计划									
1	初步设计阶段目标成本、合约规划	二级					造价文件	合作发展部	
2	施工图设计阶段目标成本、合约规划	一级					造价文件	合作发展部	
3	施工合同结算	一级					造价文件	合作发展部	

续表

序号	任务名称	节点类型	工期	开始时间	完成时间	前置任务	阶段性成果	主责部门	备注
			(三)招采计划						
1	设计单位招标	一级					中标通知书	合作发展部	
2	施工总包招标	一级					中标通知书	合作发展部	
3	监理招标	一级					中标通知书	合作发展部	
4	主机招标	一级					中标通知书	合作发展部	
5	冷却塔招标	一级					中标通知书	合作发展部	
6	蓄冰装置招标	一级					中标通知书	合作发展部	
7	变压器招标	一级					中标通知书	合作发展部	
8	配电柜招标	一级					中标通知书	合作发展部	
9	自控集成及能源管理系统招标	一级					中标通知书	合作发展部	
			(四)报批报建计划						
1	方案设计核查	一级					核查意见书	技术研发部	
2	初步设计审查(如需)	一级					征求意见回复	技术研发部	
3	施工图审查(如需)	一级					施工图审查合格证	技术研发部	
4	供电报装	一级					备案意见、供电方案	技术研发部	
5	办理施工许可证	一级					施工许可证	项目管理部	
6	质安监登记	一级					质安监登记表	项目管理部	
7	特种设备报装	三级					施工告知受理回执	项目管理部	
8	特种设备备案	一级					使用登记表	项目管理部	
			(五)施工计划						
1	冷站土建工程接收	三级					场地移交清单	项目管理部	

续表

序号	任务名称	节点类型	工期	开始时间	完成时间	前置任务	阶段性成果	主责部门	备注
2	机电安装进场（正式）	一级					工程部位完工照片和监理工作报告	项目管理部	
3	主机房区域机电安装（含管道）	二级						项目管理部	
4	系统通水试压	一级						项目管理部	
5	蓄冰池内区域机电安装	二级						项目管理部	
6	冷却塔区域安装	二级						项目管理部	
7	电气用房区域机电安装	二级						项目管理部	
8	电气测试、验收及送电	一级						项目管理部	
9	弱电自控机房区域机电安装	二级						项目管理部	
10	电梯工程（如需）	二级						项目管理部	
11	室内装饰工程	二级						项目管理部	
12	调试（含单机和联合调试）	一级						项目管理部	

（六）验收移交计划

1	运行管理权限移交	二级					移交证书	项目管理部	
2	节能验收	二级					节能验收合格证	项目管理部	
3	环保验收	二级					环保验收备案记录	项目管理部	
4	竣工初验	一级					初验会议纪要	项目管理部	
5	竣工验收	一级					监督检查意见书	项目管理部	
6	工程移交	一级					移交证书	项目管理部	

（5）专项计划

在总控计划之下，还需存在专项计划。例如，针对过路段供冷管网占道，制定专项计划。前海供冷管网工程涉及占道施工的原因，一方面是因为部分道路的建设先于区域供冷的规划，另一方面是供冷管的建设滞后于道路工程。导致部分过路段供冷管需要明挖道路开展施工，各段占挖路口的具体情况详见表8-4。

表8-4 占道施工的情况

占挖分类	具体位置	占挖路口数量
规划滞后	梦海大道	1
	桂湾二路	3
	桂湾三路	2
	前湾二路	2
	听海大道	2
	11号路	1
建设滞后	创新六街	4
	枢纽十街	4
	创新九街	1

过路段供冷管占道施工的流程包含项目开工手续办理、路政许可办理、管线保护手续办理、占道施工过程管理四个方面。

①开工手续办理。项目的开工手续办理是开展包括过路段供冷管施工在内的整个工程的前置条件。通常开工手续办理分三个步骤：第一步，办理施工许可证，即在参建单位确定后，按照审批要求向政府主管部门申报施工许可证；第二步，办理质量安全监督登记，即办理施工许可证后随即向属地住建部门申请办理质量安全的监督登记；第三步，办理开工令，即由施工单位申请，监理单位、建设单位审批作为项目开工的依据。

②路政许可办理。建设单位首先要根据各项目的建设策划安排，在深圳

市路政管理系统提前申报未来一年至两年可能开展占挖施工的占挖编号,深圳市的占挖编号在每年 6 月份集中申报一次,错过集中申报则会直接耽误当年计划申办路政许可的事项。

路政许可的申报体现了建设单位的综合协调能力。路政许可申报分为两个阶段,第一阶段为系统预审,第二阶段为交警及交委正式审核。交警与交委的审批线条是相对独立的,交警重点审核交通疏解方案的合理性,交委重点审核占道的合规合法性。在正式审核阶段,需要协调多方资源,与交警及交委沟通并汇报工作,确保疏解方案得到认可。对于交通疏解方案的编制,设计院设计的疏解方案较为粗浅,一般由施工单位负责编制,因为施工单位编制的疏解方案可操作性更强。疏解方案制定时需要注意以下几点:既要考虑车辆的疏解又要考虑行人的疏解;按设计规范布置各类交通警示标志;体现区域交通的总图;尽量压缩施工总体周期。此阶段的审批时限不固定,因此积极沟通是加快审批的关键。

③管线保护手续办理。管线保护遵循"6 个 100%"的要求。一是 100% 查明地下管线分布情况,从源头抓起,在开工前做好管线调查和探查。确定管线种类、型号、规格、埋深、走向等,绘制管线分布图。二是 100% 签署地下管线保护协议,即积极与产权单位对接,征求专业保护意见并签订保护协议。三是 100% 制定地下管线保护方案,即结合工程实际情况制定切合实际的方案。必要情况下组织相关专业的专家进行论证,形成具备可靠性和可实施性的地下管线保护方案。四是 100% 配备专职管线工程师,即选择责任心强、专业知识强的技术管理人员担任专职管线工程师,综合协调管控涉及地下管线的相关施工,形成现场移动的第一道防控。五是 100% 实施"动土令"制度,即联动第三方(监理单位)进行监督复核,对地下管线区域施工进行二道防控。六是 100% 做好作业技术交底,即管线区域施工前对作业人员、机械手等一线人员进行专项安全技术交底,明确施工注意事项和管线信息以及应急预案等。通常管线保护的手续可随路政许可手续办理同步开展,以节省施工准备时间。涉燃气、涉电缆的工作票需要路政许可审批通过后再办理。

④占道施工过程管理。一方面要考虑避让既有管线的灵活性，另一方面需考虑交通疏解过程中以人为本的理念。占道施工过程包括：严格按照批复的交通疏解方案准备相关物资设备；与属地主管部门提前做好沟通；按照批复疏解方案采取疏解措施，在此阶段注意场地封闭施工的基本要求；施工期要抢抓施工时间，尽早完成管线施工及路面恢复；整体施工结束后，拆除临时设施，清扫路面，全面开放交通。

8.3.1.2 建设时序不满足要求下的动态调整

4 号冷站附建于交易广场地下室，交易广场项目由六个地块组成，分别位于北区、中区和南区，其中 4 号冷站位于中区地下，冷却塔布置在南区和北区地块屋面。4 号冷站分三期建设，由于冷站布置跨多个地块，整个冷站建设时序挑战大。

（1）冷却塔与塔楼建设时序的衔接

交易广场南区由前海建投集团负责开发建设，包含 3 栋塔楼，由于冷却塔安装在其中 2 栋塔楼屋顶，所以冷却塔的建设时序要跟塔楼的建设时序相匹配。在实施过程中，塔楼的结构和管井工程完工后，才能进行冷却塔和水管的施工。同时，有一部分冷却水管需要穿越交易广场南区地下室，以避免和其他管线发生冲突。因此，需要密切关注交易广场项目的建设进度，在技术上，通过 BIM 的管控模拟稳定建设进度，考虑到冷却水管的管径大，前期的 BIM 管线深化工作尤为关键。

（2）制冷主机吊装受土建塔吊未拆除的影响

4 号冷站制冷主机每台重达 38 t，吊装风险较大。按照前期设计的吊装方案，利用交易北街作为吊装运输道路。但设备进场时，由于土建塔吊未拆除，无法按照原先设计的路径进行吊装运输。此时，根据现场施工条件，及时调整方案，采用三步吊装转运方案。利用交易南街预留的一个材料运输缺口，采用结构承重将主机平移，通过搭建可移动平台，叉车机械辅助，将设备吊至交易南街地下室，再通过 4 m 结构高低跨，即完成了吊装转运就位。整个方案的制定过程，先结合现场条件讨论制定总体框架思路，然后施工单位进行细化、深化,报设计院进行书面确认。

(3)供电受市政道路建设时序的影响

4号冷站供电报装路由涉及多个地块,首先由从兴怀站引出,穿越梦海大道,然后经过交易南街进入冷站地块内。前期路由从兴怀站到梦海大道西面为止较为顺利,进入交易南街后地块受市政道路建设时序的影响,为保证4号冷站在2023年4月为用户供冷,打通路由,制定了"两步走"策略。第一步协调基建部门,优先开展梦海大道至枢纽十街道路的招标与建设,使道路建设进度与地块建设进度相匹配。第二步,外电实施占道的许可办理。外电投资界面公共开关房的设备到外电工程的电缆,是由供电局来投资的。由于整个外电实施需要占用道路,因此需要办理占道许可手续。但是前海管理局将市政道路的管理权限移交到了南山区政府,使占道许可手续办理难度增大。前海能源公司充分发挥组织的力量和经验,一方面紧盯报批建的资料准备,另一方面在行政审批线上逐点沟通,实现最终的供电。

(4)供冷管网受市政道路建设时序的影响

供冷管网建设以用户的需求为导向,而市政道路的建设则不以客户需求来考虑。例如4号冷站交易南街的道路启动建设较晚,供冷管网未能及时敷设,所以选择建设临时供冷站。为了解决供冷管网和市政道路建设不匹配的问题,先期将供冷管网单独进行招标。后续,根据前海区域的实际建设情况,即主要道路管网基本形成后,将供冷管网与道路建设合并,不再单独招标。前海建投集团负责道路建设,对于涉及需要建设供冷管网时,由前海能源公司负责与基建部门对接,提出供冷管网的建设需求和建设标准,保证供冷管网的建设时序。

8.3.2 质量与安全的全过程管控

8.3.2.1 施工方案的质量与安全管理策划

(1)设备运输与吊装

首先,冷站所需的制冷设备(如冷水机组、冷却塔等)体积大且重量大。

这些设备的运输需要特殊的车辆和装备，以及专门的运输路线。冷站附建在公共建筑内，尤其是地下室，运输路径的限制（如通道宽度、承重能力等）使得大件设备的运输变得非常困难。其次，吊装操作复杂。大件设备在运输到施工现场后，要通过吊装设备进行安装。在附建下，吊装操作空间受限，特别是在地下室环境中，吊装设备的操作空间更加狭窄，增加了施工难度和风险。

针对大型设备进场与吊装的策划，包括：①根据建筑周边环境及各参建单位在建工程建设时序，对大型设备进场与吊装做好计划，提前协调与其他工程的交叉问题；②对于需要占用市政道路进行吊装的项目，提前做好占用城市道路报批报建工作；③根据建筑形式、吊装口位置、周边环境、设备参数等关键因素，对吊装进行 BIM 施工模拟，合理计算吊装工况，有针对性地编制施工方案，必要时组织专家论证；④对于主体结构与机电工程交叉施工的项目，尤其应注意主体结构施工工序对吊装口的影响，预判吊装口无法使用的情形，必要时可通过增设临时吊装口解决。

例如，4号冷站密闭蓄冰池内的冰盘管模块堆放问题。每块重 3 t 的模块，需要在蓄冰池内分四层整齐堆积 160 个，由于只有一个吊装口，导致组装空间受限。常规的从下往上堆难以实现。最后，通过集思广益，采用"倒装法"，将一组四个模块两两组合分成上、下两个部分，上部先进入蓄冰池，吊起来作为上层，将下部两个模块组合平推至上部下方，再将上、下两部分组合，最终按时完成。同时这也是前海能源公司的一项"创新工法"。

（2）安装空间与工艺协调

首先，安装空间受限。附建式冷站的机房通常设在地下室，空间通常比地面建筑更加紧凑。制冷工艺设备和管道材料大、重、多，需要占据大量空间，并且安装过程中需要预留足够的操作和维护空间。其次，交叉作业安排。冷站建设涉及多个工种的协同作业，如土建施工、设备安装、管道铺设、电气安装等。这些工序需要在有限的空间内同时进行，堆积的大量管线难以周转，增加了交叉作业的复杂性。如何有效安排各工种的工作时间和空间，避免相互干扰又是一大难题。

例如，5号冷站（图8-2）机电工程逆作施工技术，传统思路是二次砌体及基础施工→机电设备安装→管道安装。逆作施工是管道安装→二次砌体及基础施工→机电设备安装→设备接驳,以分担供冷站施工难度和进度的双重压力。在满足施工各方对质量、安全及进度要求的前提下,与土建单位进行施工工序协商,以达成一致意见,避开主体施工高峰期,错峰施工。该技术不仅是一项绿色环保的施工技术,而且安全高效,从技术、质量、安全、进度及成本等方面均得到有力保障。

图 8-2　5 号冷站内的设备

（3）通风和消防系统

首先是通风保障。冷站设备在运行过程中会产生大量热量,需要良好的通风系统来散热。地下室本身通风条件较差,需要额外设计通风系统,这不仅增加了设计和施工的复杂性,也增加了能耗和运营成本。其次是保证消防安全。地下室冷站机房的消防安全是一个关键问题。制冷设备和管道系统可能存在泄漏和火灾隐患,需要配备完善的消防设施（如喷淋系统、灭火器等）和应急通道。为此,需要在设计和施工阶段就必须考虑到消防系统的布局和安装。

（4）接口协调与管理

首先是接口协调工作量大。冷站建设涉及多个设备供应商和施工单位,各台设备和系统之间的接口需要精确对接，如电力接口、管道连接。任何环节出现问题都会影响整个系统的正常运行。因此，需要详细的计划和严格的执行。

（5）供冷管道地下敷设方式

供冷管道地下敷设方式包括直埋敷设、管沟敷设及管廊敷设等形式，各种敷设方式均有其优缺点，具体对比情况见表 8-5。

表 8-5 管网敷设方式比较

敷设方式	优点	缺点
直埋敷设	投资少，工期短； 维护量少，费用低； 开挖断面小； 避让交叉管线较方便	需要对路面开槽埋管； 对交通影响较大，如在交叉路口或路面较窄处不适用； 埋地管道无法检修，城市主干道或过河处不适用
管沟敷设	便于更换管道，运行检修对路面交通影响小； 在城市主干道及不适宜采用直埋的地方，多采用本方式； 管沟使用寿命长，一般为 30～50 年，需更换管道时不会影响地面交通	投资高； 开挖面积大； 需对管道保温等进行维护； 施工周期长，对交通影响大； 遇交叉管线避让不便
管廊敷设	避免了路面的反复开挖，降低了路面的维护保养费用，确保了道路交通功能的充分发挥； 道路的地下空间得到综合利用，增强了道路空间的有效利用； 有效增强城市的防灾抗灾能力	前期投资约高出传统直埋敷设方式的 50%

8.3.2.2 施工与运维质量的综合策划

前海区域供冷的质量是全生命周期质量的概念，既包括施工质量，也包括运维质量，特别强调施工与运行维护质量的综合策划。

（1）运维的便利性

在施工阶段，必须充分考虑后期运营的需求，包括设备的维护通道、日常操作的便利性等。在管理机制上，以运维需求来指导设计与施工，邀请运营部门同事来前置参与，设计与施工团队密切沟通，确保施工成果能够满足运营要求。例如，运营部门员工在监理例会上明确运营建议及要求，施工单位通过联系单确认最终结果后，由施工单位主导、设计配合，对运营部提出的需求进行施工优化。再如，水泵安装固定方式的调整采用硬连接，提高水泵运行的可靠性；在压力表安装中加装球阀，为后续压力表更换提供便利。

（2）建设与运维的综合质量要求

施工招标时将技术规程、技术要求纳入招标文件。在建设管理过程中，严格控制关键工序的质量，通过开展焊缝检测、CCTV管道检测、管道清扫、管网冲洗等工作严控质量。这些管理措施不仅有利于控制施工质量，还综合考虑了运维质量要求。例如各标段供冷管完成后，根据其管网路径特点，有针对性地制定管道冲洗方案，一是根据管道标高走势、市政给水及排水点位置确定管道冲洗注水点及排水点；二是根据管网规模确定冲洗设备，可采用一体式水泵模组；三是根据水泵流量计算冲洗流速及效率，确定管网冲洗循环次数；四是在管网沿线按需设置Y型过滤器、补水点，提升冲洗质量。冲洗工作有助于减少后期运营模式的堵塞。

（3）综合考虑建设与运维的全生命周期成本

设备的选型综合考虑全生命周期成本最优。对于重要的设备，主要采用进口设备以保障系统的可靠性和先进性；对于国内发展较成熟的设备，采用国产设备。针对冷站前期负荷小的特点，结合深圳前海按照电气报装容量收取基础容量费的要求，先行投入小容量变压器，后续再调整为大容量变压器，同时小容量变压器可在各冷站前期低负荷阶段循环使用。

前海规划采用20 kV电压等级的电源（正式电源），但早期20 kV出线的变电站还在建设中，需使用10 kV临时电源过渡。针对此种情况，前海能源公司在2014年开展区域供冷系统研究时已经关注到，并在第一个开工建设项目2号冷站实施前，对20 kV正式电源接入时间不能满足项目建设时序要求的问题提前进行了预判，采取了相应技术措施。具体是将10 kV临时电源直接接到10 kV配电柜，采购2台双抽头2000 kVA变压器，可将10 kV变为0.4 kV、20 kV变0.4 kV。当10 kV临时电源变为20 kV正式电源时，只需通过更改变压器配电柜接线和配电柜二次保护整定值，就能达到快速切换的目的，而不用更换变压器或配电柜。该方案可实现：①进度目标。2号冷站在2016年3月通电，2016年4月顺利实现对外供冷。2017年10月20 kV正式电源接入2号冷站，仅利用几个小时就顺利完成切换，未影响用户供冷。②节省投资目标。未额外更换变压器或配电柜，节省投资数百万元。③节约运营费用目标。前期用户少、负荷低，结合10 kV临时过渡电源接线特点，10 kV电源直接接主机，2台2000 kVA变压器带其他负载，2号冷站一期安装的18 000 kVA变压器容量只投入了4000 kVA，节省了大量基本电费，降低了运营成本。

充分考虑了运输通道和检修方案，预留了必要的操作和维护空间，如制冷机房运输主通道净高原则上不得小于5.0 m。重要设备、经常操作的高位阀门需保证检修车能到达；当检修车无法到达时设置检修马道或平台等设施，平台或马道应紧邻其底板设置踢脚板，防止高空坠物。通过BIM深化设备管线排布，结合运维需求，兼顾投资经济性，合理设置检修马道，主要包括制冷机房区域、蓄冰池区域、冷却塔区域。

（4）工厂化预制装配技术

传统施工采用现场人工切割、组对、焊接、刷漆等方式。施工过程中，现场材料大量堆积、施工空间减少、高空焊接吊装交叉作业面多，不仅会带来一系列安全质量和文明施工管理问题，还会引起材料二次转运、焊接人工、安全文明措施等成本费用增加，对工程进度、安全质量和成本管理不利。

装配化施工包括BIM设计、工厂预制、现场施工三个环节。首先，对管线模型进行科学的数字化模块分段、编码，并对应形成加工图、装配图及总装图，再将设计蓝图、原材料发给项目指定的加工厂。工厂使用相贯线激光切割、全自动机器人焊接等设备，实现场外工厂化预制。采用自动化生产线读取加工件数据，足以精细到每个螺栓孔的定位，实现精确加工。对工厂预制件进行焊接质量检测，对组对后的外观及尺寸进行检验，运用全息扫描和模型比对，分析偏差判定是否合格。并对管道进行外涂装处理、成品件进行二维码标签张贴及防护包裹。其次，将预制好的管道整体打包给专业物流公司，对已加工好的管段、支架等部件，集中运送至现场。对于大型管道，利用汽车吊转运至制冷机房;对于小型管道,利用小货车通过坡道直接运送至机房指定堆码区。利用移动式管道预制工作站,在施工现场快速大批量的预制模块化管段。利用装配化施工可极大地减少现场施工工作量,对工程进度、安全质量和成本管理有利。

在5号冷站中,冰池工艺系统的装配式施工技术100%应用在管道钢梁支架装配式施工、检修马道装配式施工、管道装配式施工上。

8.3.2.3 全过程质量与安全管理

在招标阶段,解决并理清关键挑战,并要求投标文件重点作出响应,在评标阶段进行评审。例如,在3号冷站一期招标过程中,首先重点分析了该项目的施工重难点,如项目的边界管理及项目总包管理、起重吊装施工管理、蓄冷水池有限空间作业安全管理等。其次,在招标文件中明确了技术标定性评审要点,具体如表8-6所示。

表8-6 技术标定性评审内容

评审项目	评审内容
施工管理重点、难点分析及应对措施	施工管理重点、难点分析及应对措施的准确性及针对性,包含项目的边界管理及总包管理,起重吊装施工管理,蓄冷水池有限空间作业安全管理,系统调试试运行
四新应用	新技术/新材料/新工艺/新设备应用的合理性,包含BIM技术全过程应用,装配式应用
施工总体部署	施工总体部署的合理性,包含分片分区安排方案,对应工期安排及分片分区方案,简要说明总的施工流向、施工程序及施工顺序
施工总平面图布置	施工总平面图布置的完整性及合理性,包含主要机械设备、堆场、加工场、临时道路、临时供水供电、临时通风、临时排水排污设施等的布局,主要施工阶段总平面图
施工进度网络图或带关键线路的横道图及相关说明	施工进度网络图或带关键线路的横道图及相关说明的完整性及合理性,应包含总工期和关键节点工期控制措施
施工资源配置	施工资源配置的合理性,包含主要机械设备及劳动力需求计划情况

续表

评审项目	评审内容
主要专项施工方案	各主要专项施工方案是否全面、合理、可操作性强。具体包含：安全文明施工管理专项方案；蓄冷水池技术专项方案；冷却塔降噪工程技术方案

施工准备阶段，进行施工重难点的深化分析，并审核施工方案。

施工准备阶段的深化优化设计是根据主要设备选型、现场实施条件、运营管理需求等情况对设计图纸进行完善，通过对全专业图纸的深化设计，能有效减少现场的管线碰撞、设备布局困难、维护空间狭小等问题。

例如，供冷管网建设的施工准备非常关键，需要完成一系列的报批报建手续，包括施工许可证、质安监介入、围挡方案审批、排水许可、管线调查、地铁保护、路政许可、管线交底、绿化迁改等。可采取的具体措施包括：①施工围挡方案应在开工前根据施工图由施工单位结合工期及现场实际情况，深化具体实施方案后报上级行政主管部门审批；②绿化迁改方案应在开工前报绿化管养单位及上级行政主管部门审批；③涉及社会车辆已通行道路占挖的管网工程应结合工期提前在"深圳市道路挖掘计划管理系统"中做好计划统筹并获取占挖编号，在开工前按要求办理路政许可；④位于地铁保护区范围内的管网工程，应在施工前依据批复的地铁保护设计方案编制并办理地铁保护施工方案；⑤位于桥梁安全保护区范围内的管网工程，应向桥梁或公路管理机构提交由第三方评价机构出具的安全技术评价报告。

在实施阶段，进行精细化的过程管理。在有限空间作业中，要进行工序检查、气体浓度检测等，确保重要监控点落实到位，以满足要求。针对冷站和管网分别建立安全风险清单。其中冷站包括水暖电安装工程、装饰工程、起重作业等评估单元，共120余项风险点。管网包括沟槽开挖及焊接作业、钢筋模板制作及安装作业、阀门安装三个评估单元，共60余项风险点。根据项目情况进行监测和动态更新。此外，对参加单位进行履约评价、考核等。

8.4 系统调试与移交

8.4.1 系统调试

为了确保区域供冷系统在最佳状态运行、提供高质量的供冷服务，以及满足用户的用冷要求，城市区域供冷系统应在设备、管道、保温、配套电气等施工完毕投入使用之前，进行系统的试运行与调试。具体包括设备单机试运转与调试，以及系统无生产负荷下的联合试运行与调试。

（1）系统调试条件

区域供冷系统调试宜在负荷最大时进行，联合调试宜在最热月或与设计室外参数相近的条件下进行，系统调试完成后应提供书面报告。最终调试方案根据各冷站条件和实际负荷情况确定。试运行与调试前应具备以下条件：①系统均安装完毕，经检查合格；②施工现场清理干净，变配电房门窗齐全，可以进行封闭；③测试仪器和仪表齐备，鉴定合格，并在有效期内；④调试方案已批准，调试人员已经过培训，掌握调试方法，熟悉调试内容。

（2）系统调试方案

以二单元区域供冷项目（一期）机电安装工程系统调试方案为例进行说明。①明确项目调试特点、难点。根据2号冷站实际负荷情况明确项目调试的特点、难点，以及针对项目难点拟定解决方案。②确定各工况的运行模式。③确定调试顺序和内容。确定基载机供冷流程、融冰供冷流程、双工况主机供冷流程、双工况主机蓄冰流程各部分的调试顺序和内容。④系统调试时间安排。明确调试内容、确定各单位参与调试的时间。⑤组织机构及岗位职责。成立调试领导小组，确定小组成员，明确各岗位职责，如调试指挥小组职责、专业负责人职责、调试人员职责、调试人员安全规则；制定调试纪律和调试班制度，保证调试工作顺利完成。⑥成立应急处理小组。现场配备3名人员组成应急处理小组，应急处理人员于空调冷冻站内待命，应急处理小组配备1台对讲机，方便随时报告相关问题。

《深圳市前海深港合作区区域供冷技术规程》对调式内容作了明确的标准化的规定。

（3）系统调试实例

4号冷站建成之后，不仅要联合2号冷站实现联合供冷，保证2号冷站片区用户用冷的可靠性，同时要为3号冷站先期的用户满足供冷需求。因此，4号冷站从设备到整个供冷系统的调试运行具有规模大、调试工作内容多的特点。前海能源公司为了完成系统调试运行的目标，项目管理部通过建立日会的机制，牵头各部门参与共同梳理整个系统调试运行所需达到的条件，列出调试清单，推动供冷系统调试工作的开展与落地。2023年春节后到同年4月，每天下午4点半到5点连续开展两个月的日会，从调试运行条件、问题解决与协调、施工单位流程等多方面将调试工作捋顺。

8.4.2 管理权与工程移交

冷站移交包括管理权的移交和工程的移交两部分。其中，管理权的移交主要涉及冷站站房管理权移交和用户侧设备管理权移交。工程的移交主要涉及冷站土建工程移交和用户换热站工程移交。

（1）冷站站房管理权移交

冷站的站房工程由前海管理局投资，依法授权局属企业负责区域供冷系统市政供冷管网及冷站站房工程部分的建设，建设完成后，产权属于前海管理局。站房工程验收合格并符合移交标准与条件后，前海管理局将使用权无偿提供给供冷单位，由供冷单位负责冷站站房的维护与管理并承担相关费用。

（2）用户侧设备管理权的移交

用户换热站验收合格后，项目管理部门将用户侧设备管理权移交至生产管理部门，以签字盖章后的"前海区域供冷用户用冷工程验收单"为移交依据。如用冷验收存在遗留问题，项目管理部门会协调用户整改直至通过验收。

项目管理部门根据合同要求，将备品备件及专用工具移交至生产管理部门。

（3）冷站土建工程移交

冷站土建工程移交指冷站整体土建工程或相对独立的区域完成土建施工（土建安装交接面），由建设单位或地块开发单位牵头组织，依据有关法律、法规、工程建设强制标准、设计文件、施工合同，检查拟移交区域的土建施工完成和清理情况、施工质量、必要的安全防护设施和施工环境等，并确定是否满足规定的移交条件。根据工程实际需要可对冷站进行分区域移交。

①移交程序：土建施工单位应根据相关进度计划提前完成拟移交区域的相关土建施工活动，并及时通知地块开发单位组织相关单位进行移交联检。土建施工单位应按区域移交联检时承诺的时间期限完成Ⅰ类移交联检意见书，并及时将区域移交给安装施工单位。

②移交总体要求：冷站主体工程已完成，无渗漏水；拟移交区域须满足消防疏散要求；按照"谁产生谁负责"的原则，土建施工单位应拆除施工临时设施（必须的安全防护设施除外），并清运因施工产生的建筑垃圾等。

③冷站各区域移交标准。

冷站各区域移交标准如表8-7所示。

表8-7 冷站各区域具体移交标准

区域	移交标准
制冷机房	结构、砌筑施工完成； 地下室内防水施工完成； 管道钢结构支撑施工完成，验收通过； 设备基础施工完成，验收通过； 地坪混凝土施工完成； 吊装孔及运输道路可用，吊装孔盖板已就位，不漏水； 制冷机房至地面的消防疏散楼梯可用； 提供防雷接地接口，测量基准线； 土建施工时既有施工照明； 其他
蓄冰池	结构施工完成，验收通过； 冰池蓄水试验合格，冰池无积水； 冰池预留孔洞验收合格； 吊装孔及运输道路可用，吊装孔盖板已就位，不漏水； 提供测量基准线； 土建施工时既有施工照明； 其他

续表

区域	移交标准
电房	结构、砌筑施工完成，不漏水； 电缆沟、设备基础施工完成，垃圾清除，验收通过； 防火门安装就位，钥匙移交； 地坪施工完成； 吊装孔及运输道路可用，吊装孔盖板已就位，不漏水； 内墙抹灰完成； 提供防雷接地接口、测量基准线； 土建施工时既有施工照明； 其他
冷却塔天面	设备基础完成，验收通过； 屋面管井顶盖施工完成，屋面预留孔洞防护到位，不漏水； 屋面排水通畅； 吊装运输道路可用； 提供防雷接地接口、测量基准线； 上天面的通道可用； 其他

（4）用户换热站工程移交

为保障整体供冷项目的顺利推进，前海能源公司制定了详细的用户换热站工程移交流程，具体包括：设备供货→用户换热站设备安装→用户用冷工程验收→用户侧板式换热器专项验收→用户侧数据远程监控→工程移交。其中，每一步流程都有详细的操作步骤、填写单据验收规定和具体的负责部门。对于验收中存在的遗留问题，由项目管理部门协调用户整改直至通过验收。最后，项目管理部门根据合同条款中的具体要求，精心组织并完成备品备件及专用工具的移交工作，确保这些关键物资顺利交接给生产管理部门。

8.5 建造管理的创新实例

8.5.1 附建模式创新实例

在前海合作区的开发建设中，土地作为稀缺资源被高度重视，而小面积、街坊式的地块开发模式则成为该区域土地规划利用的一大鲜明特点。为实现土地的集约利用，前海区域在规划供冷系统时，创新性地采取了将冷站附建于房屋建筑和公共空间地下室的做法。在土地出让阶段明确约定冷站附建地块，要求土地受让单位须承担冷站土建工程的配建任务，并无偿返还。基于前海区域供冷的 10 年实践，可以进一步审视附建模式的优势和挑战。

8.5.1.1　采用附建式的优势

在区域供冷系统的建设过程中，冷站的附建模式，即将冷站与其他建筑（尤其是政府公共建筑）结合在一起，具有许多优势，如节约土地资源、降低建设成本、提高空间利用率等。

（1）可进行模块化设计，具有灵活性

附建式冷站更容易进行模块化设计，使得系统可以根据需求逐步扩展。这种灵活性对于应对未来城市增长和变化的需求至关重要。此外，模块化设计有助于降低建设时长，可以在不同的时间和地点制造，然后迅速集成到整个系统中，从而更快地投入使用。

（2）提高土地利用效率

首先是实现空间优化。在前海城市区域规划中，土地是有限资源。采用附建模式可以更好地利用现有空间，将供冷设施集成到已有的建筑或区域中，减少对新土地的需求。附建式冷站不独立占用土地，而是设置在开发地块的建筑物地下室，或与其他公共建筑合建于公共地下空间，实现了土地的集约利用。其次，附建模式也能更好地适应城市规划。附建式冷站更容易嵌入到城市规划中，与周围建筑和基础设施协调一致，避免过度占用土地。

（3）具备运营独立性

附建式冷站的独立运营性质意味着如果一个站点发生故障或需要维护，其他站点仍能正常运行，可减小故障影响，降低整个系统的风险和提高可靠性。此外，运营独立性也意味着可以更容易地进行预防性维护和计划性维修，而不会对整个供冷系统产生过大的影响。

（4）投资分散

如果某个区域的需求下降或发生其他变化，只需关闭或调整相关站点，而不会影响整个系统，从而降低了投资风险。这种分散策略还有助于提高资本效益，确保资金被更有效地分配和利用。

（5）具有能源效益

附建式冷站的建设方式允许更精确地匹配实际需求，避免过度设计。这确保了系统在不同负载情况下的高效能源利用率。此外，先进的控制系统可以实时监测和调整每个附建式冷站的运行，以确保最佳的能源效益。

（6）具有施工和维护便利性

每个站点都可以独立建设，方便施工和维护，减少了停机时间，降低了运营成本。

8.5.1.2　与公共建筑附建的矛盾

（1）空间利用与建筑规划

首先，将冷站附建到政府公共建筑中，可能会使建筑设计变得更加复杂。冷站需要占用一定的空间，并且其设备和系统对环境有特定要求，如通风、散热等。这可能会对政府公共建筑的设计造成干扰，影响建筑的美观和功能分区。其次，会产生空间竞争。政府公共建筑通常需要满足多种公共功能，如办公、会议、展示等，空间资源比较紧张。冷站的附建可能会与这些功能发生竞争，特别是在土地资源有限的市中心区域，如何平衡各方需求是一个难题。

（2）运营管理

首先，管理复杂度增加。冷站与政府公共建筑共用一个建筑物或一个地块，意味着在日常运营和维护中需要协调多方利益。冷站的运行需要定期维护和检修，为减少对建筑正常使用的影响，管理难度也将增加。其次，安全与安保问题。冷站设备较为复杂且需要高水平的技术维护。如果冷站设在公共建筑内，一旦发生设备故障或其他紧急情况，可能会影响到公共建筑的安全。此外，公共建筑的安保要求较高，冷站的运营人员进出可能会带来安保方面的影响。

（3）制度上的要求

冷站附建需要符合城市规划和建设的相关法规，同时还需要经过严格的审批程序。公共建筑通常有其特殊的规划要求，如何协调这些要求与冷站建设的需求是一大挑战。此外，冷站运行过程中会产生一定的噪声和热量排放，这可能会对公共建筑的环境质量造成影响，需要采取有效的隔音和环保措施。这些措施不仅增加了建设和运营成本，还需要满足环保法规的要求。

（4）经济因素矛盾

首先，成本分摊与效益分配。冷站的建设和运营需要大量资金投入，如何在政府和企业之间进行成本分摊和效益分配是一个重要问题。政府可能期望企业承担更多的成本，而企业则希望通过供冷服务获取合理的回报，双方需要在经济利益上达成一致。其次，财政预算与资金使用问题，政府公共建筑的建设和运营资金通常来源于财政预算，而冷站的建设可能需要额外的资金支持。这对财政预算的安排提出了新的要求，需要合理规划资金的使用，以确保项目的顺利推进。

8.5.1.3　与开发商建筑附建的矛盾

冷站附建模式与开发商建筑之间的矛盾有以下方面：

（1）空间利用和设计冲突

冷站需要占用一定的建筑面积和体积，其设备和管道系统占用空间较大，这可能会影响开发商对建筑的规划和使用，特别是在高度、层数和整体空间分配上冲突较大。冷站的设备和管道需要特定的布置和维护通道，这可能会与开发商原有的建筑设计产生冲突，迫使设计师在规划过程中进行调整。

（2）成本分担问题

冷站的建设需要投入大量资金，包括设备采购、安装和基础设施建设等。这些成本通常需要开发商和冷站运营方进行分担，但如何公平地分摊这些成本往往成为争议的焦点。冷站的运行维护也需要持续的资金投入，这些费用（例如电费、水费、维护费等）的分摊方式需要有明确的协议，如果分摊不均或者不明确，可能会导致长期的纠纷。

（3）运营管理矛盾

冷站的日常运营和管理需要专业团队负责，但开发商往往更关注房地产项目的整体运营。这就要求冷站的管理团队和开发商的物业管理团队之间有明确的分工和协调机制，否则会出现管理上的矛盾。冷站的服务质量直接影响到建筑的使用体验，如果冷站运行不稳定或故障频发，会直接影响到开发商项目的客户满意度和物业价值。因此，开发商对冷站的运营水平有较高的要求，但冷站运营方出于成本控制的考虑，可能在投入上有所限制。

（4）环境和噪声影响

冷站设备在运行过程中会产生一定的噪声和热排放，这可能会对周围环境和居民生活造成影响。开发商需要考虑如何将这些影响降到最低，以保证建筑整体的居住和环境质量。冷站的噪声问题尤其需要重视，开发商和冷站运营方需要共同制定噪声控制措施，比如安装消音设备或在建筑设计中使用隔音材料。

（5）法规和政策冲突

不同地区对于冷站的建设和运营有不同的法规和政策要求，开发商和冷站运营方需要确保项目的合规性，需要双方在项目初期进行充分的沟通和规划，以避免后期因政策问题导致停工或整改。此外，冷站附建模式需要签订详细的合作合同，明确双方的权利和义务。如果合同条款不清晰或存在漏洞，会导致后期的法律纠纷。

综上所述，冷站附建模式在节约土地资源和实现集中供冷方面具有显著优势，但在实际实施过程中，需要开发商和冷站运营方在设计、成本、管理、环境和法规等多方面进行充分的沟通和协调，才能有效避免矛盾，实现双赢。

8.5.2 前海区域集中供冷管网质量控制创新

前海区域供冷管网项目分布于前海三个片区，共规划约 90 km 管道，是前海区域供冷系统的重要组成部分，管网连接冷站与用冷用户。供冷管网分片区、分阶段随用户需求及道路建设时序分期建设，管网建成后结合用户需求分批次投入运行。桂湾二单元管网的相关路段管网建成后于 2019 年 4 月进入全年无间断运行状态以来，未出现跑冒滴漏、爆管检修等突发情况，运行十分稳定。前湾、妈湾片区已投入运行的供冷管网的运行状况也基本类似（图8-3）。

8.5.2.1 精细化的设计管理

①前海能源公司专门编制了《供冷管网技术要求》《深圳市前海深港合作区区域供冷技术规程》等规范指引文件，对规划、设计、施工的全过程进行把控。

②统一原材料的品牌库。针对供冷管管材及阀门等原材料品牌繁杂，产品质量参差不齐的情况，组织调研各个原材料品牌厂商，筛选出一批质量可靠、信誉度高的品牌。

图8-3 供冷管网施工

③设计阶段开展管网的应力计算。供冷管网是柔性管道系统，在前海范围内主要以明敷管道形式敷设。在方案设计时，通过应力计算论证了是否应该设补偿器，也论证了管道的回填形式，避免了管道系统出现易跑冒滴漏的情况。

④焊缝探伤全覆盖。在施工图阶段对管道的焊缝采用100%无损探伤检测，主要是采用射线探伤的形式检测。该项检测直接由建设单位委托第三方开展，避免出现焊缝检测覆盖不全的情况。

8.5.2.2 严格的施工工艺和质量控制

供冷管网属于线性工程，除有常规市政管线的基本特点之外，同时又有偏工业管道的属性，具有施工工艺复杂的特殊性。在施工过程中需要重点把握焊缝质量及施工后管内杂物清除两个重要环节。

①在项目开工之前，组织施工单位编制焊接工艺规程，开展焊接工艺评定。

②焊工进场前先试焊。所有新进场的管道焊接工人，不仅需要持证上岗，而且均应由监理单位组织开展试焊工作。焊工试焊且焊接试样经射线探伤合格后，方可进入项目现场开展后续供冷管焊接作业。

③管道安装过程中开展 CCTV 检测。前海区域供冷项目要求对管道使用清管塞清扫，并用机器人开展 CCTV 内窥复核检查（图 8-4）。前海能源公司总结编制了《区域供冷管网管内清扫施工工法》，另外基于此工艺也获批了《一种简易可靠的管道清管塞装置》的实用新型发明专利。

④制定工程管理工作指引。《供冷管网工程管理工作指引》明确了管网建设过程中项目管理人员的具体管理内容，包含招标文件的编制、开工准备要求、土建施工要求、管道安装要求、调试、验收与移交等各个环节。同时，对前海范围内其他建设单位代建的供冷管网工程、配建供冷管网工程，以及前海能源公司应该介入的管理内容提出了具体要求。

图 8-4　供冷管网的 CCTV 检测

8.5.3 BIM 技术应用创新

BIM 技术贯穿于区域供冷项目的设计、施工以及运行阶段。

8.5.3.1 BIM 在设计阶段的应用

设计单位对冷站进行 BIM 模型的搭建，建立设备及管线综合等 BIM 模型，完成碰撞检查报告、关键节点三维动画模型、VR 虚拟展示。

①复杂工程可视化。与传统的供冷工程不同，供冷项目的供冷规模与系统内部构架更为复杂。为了避免因复杂性而导致的设计失误或者遗漏，可通过搭建 BIM 模型，将传统的二维平面设计转化为三维空间模型；或通过可视化手段，将复杂模型直观化，以提高设计的精确度。

②碰撞检测。冷站内部空间有限，设备摆放紧凑，管道布置复杂。为了避免设备与管道、管道与管道之间的碰撞，可根据实际设计方案，对所有设备与管道进行三维建模，并进行碰撞检测。在设计阶段及时发现交叉部位，及时纠正，避免反复施工。

③各专业协同作业。在设计阶段，通过 BIM 模型，各专业设计人员实时交换设计信息，及时修改纠正，避免出现信息不对称，以提高工作效率。

8.5.3.2 BIM 在施工阶段的应用

BIM 技术在施工阶段也发挥了巨大作用，其应用流程包括 BIM 技术交底、建立 4D 施工信息、施工进度模拟、成本估算、数量统计以及施工质量检查。图 8-5 为 10 号冷站 BIM 模型。

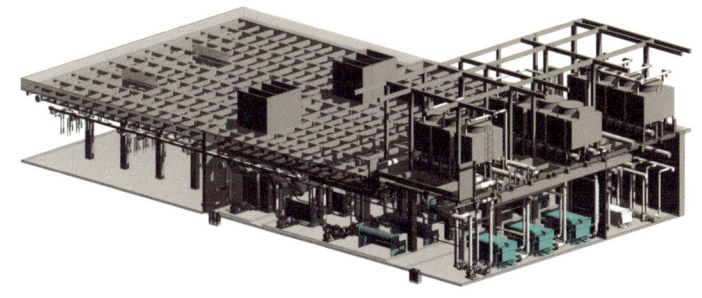

图 8-5　10 号冷站 BIM 模型

①可见性模拟。利用 BIM 模型进行施工微观过程模拟，观察分析施工方案的可行性、安全性以及其他细节，优化方案。

② 4D 建造过程模拟。施工单位将施工安排与日期同步到施工 BIM 模型中，产生直观的施工模拟，从仿真的数据可获得每日工程量等。

③施工进度跟踪。利用 4D 模拟对现场施工进度进行实时跟踪以及计划进度比较，自动汇报每日的施工进度，及时发现工期延误情况。

④ BIM 技术与装配式施工相结合。首先结合项目特点对 BIM 模型的命名、族库建立、排布原则、转化流程等制定标准。其次，装配式施工对机房模型的整体规划提出了新要求，如材料运输通道、施工设备机具作业点选取、物料堆码转运都需纳入建模考虑的范畴。再次，利用 BIM 进行管线综合深化设计，确定设备位置及管线走向，并预留合理的安装与操作空间，确保管线综合布局的合理与美观。

5 号冷站采用架空式钢梁管道支架设计，结合 BIM 高精度建模确定管线和架空钢梁支架的排布情况，在供冷站结构梁和楼板上精准预埋了吊钩作为管道、钢梁支架的吊装着力点，并在结构柱上精准预埋了用于附着架空钢梁支架体系的钢板埋件和加劲肋板，再结合电动提升装置，实现供冷站内 1.4 m 超大直径工艺管道和架空钢梁支架体系的快速吊装。同时，通过研发 1.4 m 超大直径成排螺旋焊管架空安装成套技术，建立了 1.4 m 超大直径的工艺系统管道合适、有效、安全的支架体系，实现了 1.4 m 超大直径的工艺系统管道快速、便捷、安全、经济的安装方式，解决了高大空间、超大直径管道的焊接难题。

8.5.3.3　BIM 在运维阶段的应用

在 10 号冷站探索 BIM 运维平台与节能策略优化，实现了整个 BIM 运维平台的"集约建设、资源共享、规范管理"，同时利用 BIM 模型平台对冷站的运行与维护进行科学、高效管理（图 8-6）。10 号冷站建设运维管理平台的目的包括：①丰富监控手段，以提高 10 号冷站的运行维护管理水平；②增强对 10 号冷站整体的综合管控能力；③全面提升 10 号冷站的物业管理服务水

图 8-6　10 号冷站 BIM 智慧运维管理平台

平；④集成 10 号冷站的弱电系统，对弱电体系进行全面的监测；⑤为 10 号冷站的主机工况提供优化执行策略；⑥为 10 号冷站提供全生命周期持续有效的管理。

（1）建设内容

在项目启动前以及研发期间，前海能源公司多次组织讨论 BIM 运维平台与节能优化策略，确定研发方向，以阶段划分制定项目计划，并完成相应模块。具体包括以下内容：

①模型处理：完成所有楼层土建模型、机电模型的模型轻量化、模型标准化和模型渲染；将 BIM 模型原编码体系整体修正成总部的编码体系，与信息化中心数据完全打通。

②设备、空间标准化处理：将空间和设备做了标准化处理，整理出空间和机电设备，并在系统中轻量化处理。

③设备台账录入：完善了设备的基础信息，整理并录入设备台账 494 条。

④数据对接：除了门禁系统，其他已完成数据对接且已实现数据呈现。

⑤控制策略：针对 1 号冷站的工况，与南京工业大学合作制定了节能优化策略，并实现现场设备自动控制等工作。

⑥硬件采购：包括机构、数据库服务器、应用服务器、键鼠、DP 转 HDMI 转接线和高配图形工作站（定制版）的采购。

⑦系统调试过程问题处理：在整个项目研发调试期间，力求产品在实用性以及视觉上都能更加完善。

（2）功能描述

在 10 号冷站实际需求的基础上，实现了整个 BIM 运维平台的集约建设、资源共享、规范管理，再结合 10 号冷站的实际情况，利用大数据、云计算、BIM 和 IOT（物联网）技术，研发了配套功能模块。图 8-7 呈现了 10 号冷站 BIM 运维系统的情况，图 8-8 为运维平台配套 APP 的具体工作流程。

图 8-7　10 号冷站 BIM 运维系统

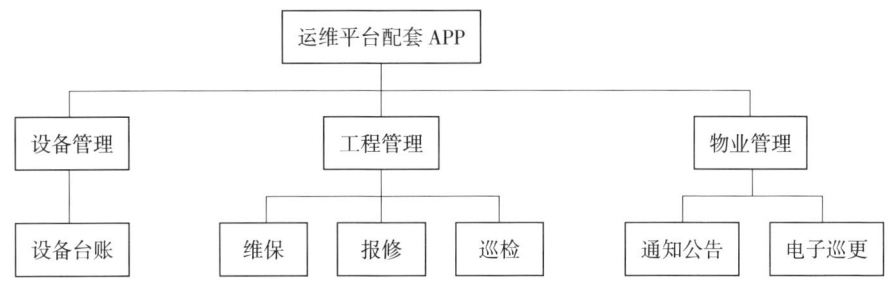

图 8-8　运维平台配套 APP

（3）特色成果

①节能策略优化。针对 10 号冷站的冷机工况分析出最优化策略，并实现手/自动控制设备控制。

②制冷机房漫游。在"冷机群控场景"可看管线流向，进入相关设备房和冷却塔屋面漫游，漫游过程中点击"模型"查看设备台账，如有设备故障，则"模型"四周红色高亮。

③快速定位。当物业相关人员进行设备检修保修时，系统可快速定位相关设备的具体位置，无需检修人员查找资料，即可帮助检修人员快速解决设备问题。

④多维度数据统计分析。系统可提供多维度、全方位的数据分析能力，从不同角度展现当前的运维管理状态。

⑤可视化监控。可视化监控系统可实时反映受控物当前的运行状态，并辅以监控影像对其进行全方位监控。

⑥电子巡更。系统提供结构模型，将巡更点位部署在各个房间，巡更过程及结果可直观呈现在系统里面。

⑦AI 人脸识别。系统拥有人脸识别算法，可将识别到的可疑人员、客户、公司员工等不同身份的人员信息，截图和保存 5 秒视频，并在模型上直观呈现。

第 9 章

前海区域集中供冷的运维管理

9.1　城市区域集中供冷运维管理的特征与挑战

（1）冷站集群化的运维管理

前海合作区规划建设 10 个冷站、约 90 km 市政供冷管网，由前海能源公司负责冷站及供冷管网的运营管理。与独立冷站运维管理方式不同，冷站集群化运维管理实施片区统筹管理，关注群站的管理、不同冷站之间的人员与设备调度、人员培养问题等。

①从单站生产管理转变至群站管理

基于片区内冷站市政供冷管网互联互通的特点，冷站生产组织管理从单个冷站生产管理逐渐转变至群站管理，其运维管理的侧重点也发生了变化。

a. 冷站群视角下资源整合：通过群站管理，可以实现多个供冷站资源的整合和协同运作，以及资源共享，减少重复建设和冗余设备，提高运营效率。

b. 冷站群视角下的成本优化：片区内市政供冷管网互联互通，供冷季、非常规供冷季、夜间等负荷差异大，结合蓄冰量、不同时段电力价格，需以生产成本最优为目标，优化客户供冷路径及冷源供应冷站，从而节约成本，提高经济效益。

c. 冷站群视角下的供冷服务：群站管理可以将多个冷站连接起来，提供更全面的服务范围和更高水平的服务质量，满足用户多样化的需求。

d. 冷站群视角下的风险分散：通过群站管理，可以将风险进行分散，避免单个供冷站故障带来的影响，提高系统的稳定性和可靠性。

e. 冷站群视角下的数据共享：冷站群站管理需实现数据共享，以提高决策效率和管理水平。不同站点的设备和运行参数可能不同，需要确保相互协调。先进的监控系统能够集成不同站点的数据，并提供实时的性能指标，实时监测每个站点的性能，以便及时做出调整。自动化的调度系统可以优化能源利用和系统性能，并且保持系统的一致性和标准化。制定一致的标准和规范，确保所有站点使用相似的设备和操作流程。这有助于提高系统的一致性，减少不同站点之间的不匹配问题。

②楼宇空调运维业务集群管理

楼宇空调运维业务从附属于冷站独立管理转变为业务集群管理方式，其侧重点包括：

a. 资源优化：楼宇空调运维业务通过集群管理，整合和优化资源，实现跨楼宇的协同管理，提高资源利用率，减少资源浪费。

b. 成本节约：楼宇空调运维业务集群管理可以实现规模经济效益，通过统一管理、统一维护保养、共享人力资源等方式可以降低成本、节约管理费用。

c. 统一监控：通过改造控制系统，形成集群管理平台，可以实现对多个楼宇空调系统的统一监控，及时发现问题并采取相应措施。

d. 协同运维：集群管理可以实现不同楼宇之间的协同运维，团队之间可以共享经验和资源，更加高效地处理问题和提供服务。

e. 统一数据分析：集群管理可以将多个楼宇的数据进行集中分析，发现问题的共同点和趋势，提出更加智能的优化方案。

f. 持续改进：通过集群管理，可以在多个楼宇之间共享经验，推动持续改进和提升管理水平。

g. 更好的服务质量：集群管理可以提高管理效率、降低故障处理时间、提升服务质量，从而为写字楼提供更好的用冷体验。

（2）安全、稳定、高效、经济、绿色要求高

在运维阶段坚持"安全、稳定"的生产基本原则，围绕"高效、经济、绿色"的生产运营目标，秉持"客户为先"的服务理念。

①安全第一。区域供冷作为市政配套基础设施，需要以安全作为支撑，

在整个运行过程中保证人员、设备设施的安全。

②稳定。通过组织保障、制度保障、技术保障和资源保障保证区域供冷系统稳定的运行，实现 365 天、24 小时不间断供冷。公司内部建立公司—部门—项目三级组织保障，编制生产运行和设备检修相关制度，站内设备设置冗余和相互备用模式，公司内部形成备品备件储备机制，同时和设备厂家以及第三方机构建立合作机制，共同保证区域供冷系统稳定运行。

③高效。从运行诊断、设备诊断两方面入手，查找目前系统运行存在的问题，通过优化、改造等手段提高系统运行能效。

④经济。提升对运行数据的分析能力，利用运行数据分析平台做好运行数据分析，进而降低单位供冷的用电、用水成本。

⑤绿色。通过运行策略优化、设备定期清洗、降低运行能耗等方式，将绿色发展理念融入日常运行和用户管理中。

⑥客户为先。以客户的需求为导向，完善客户服务体系，持续提升服务质量。

（3）附建式冷站运维管理挑战

因冷站建筑属于附建式，又处于地下室内，这给冷站运维和消防安全管理带来了挑战。附建式冷站通常与其他建筑共用场地，需要加强安保措施，增加巡逻频率、安装监控摄像头、加强边界门禁管理等。当主体建筑尚未运行时，需要加强冷站安保巡查。

分期建设情况下，冷站的一期可能受到二期施工场地占用、噪声、尘土、振动等影响，需要及时采取措施减少对冷站运行的影响，例如设立围挡、明确施工场地范围、规定施工时间、加强施工管理等。分期建设也可能会影响在建建筑的结构安全和使用功能。例如，在冷站已投入使用的情况下如何保护公用的送排风系统。需要在设计和施工过程中充分考虑这些因素，并加强与设计单位、施工单位的沟通与协调，采取保护措施以确保在役建筑的安全。

（4）运维作业安全性要求高

冷站运维的设备设施种类较多，包括工艺设备、电气设备、转动设备、静态设备、特种设备，涵盖制冷主机、水泵及电机、冷却塔、换热器、变压器、配电柜、消防设施及其他附属设备等。因设备种类多数量大，且涉及特种设备和中高压电气设备设施，所以安全管理难度大。此外，冷站的运维操作主要为特种作业，包括针对冷站运维开展的检修、维保作业，高处作业，焊接切割作业，电气、机械等各类型的施工。特种作业的安全风险系数较高，如果管理不到位，极易造成设备设施损坏及人员伤亡。因此要求工作人员需获取相应的资格证，以及做好过程管理，包括过程中的控制、开具相关的工作票等。

9.2 集群化冷站的生产组织调度与管理

9.2.1 生产组织人员的培养管理

区域供冷运营服务涉及运行、操作、维护、检修等多种业务模块及暖通、机械、电气、自控等多种专业领域。为实现前海区域供冷"安全、稳定、高效、经济、绿色"的运营目标，前海能源公司自行组建生产运行团队，持续提升生产运维人员的技能水平以满足各项工作业务的需求。在人员培养方面建立了相对完整的培养体系，例如，日常的培训、竞赛、实验室、站长论坛等，有效地提高了人员的技能，增强了操作意识，提升了工作质量和效率。

9.2.1.1 人员培养管理方式

供冷站运行人员和检修人员在边工作边学习的氛围下积极进行技术能力的提升。通过"传帮带教""师徒制"等方式以老带新，通过技能实验室给大家提供一个专门学习、相互交流、技能练习的场所，通过竞赛、培训和论坛等多种方式提高大家的学习积极性，从而提高员工技能水平。

（1）持续开展"传帮带教"活动

"传帮带教"能创建学习型组织和团队，形成和谐、互助的组织文化，推动团队的共同成长。每季度组织开展针对运维人员的"传帮带教"活动，从2017年起累计超过50期。活动从日常基础工作、基本技能出发，由各领域知识、技能和经验丰富的"老同事"负责主讲，传授专业知识与技能，并分享经验。年轻员工们通过学习交流和专项练习，迅速掌握必要的知识，提升技能操作水平，规范专项行为习惯。见图9-1。

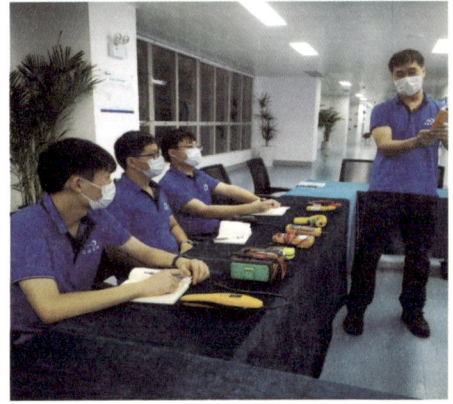

图 9-1 开展"传帮带教"活动

（2）定期举办生产技能竞赛

为培养一支高素质技能人才队伍，营造"比、学、赶、帮、超"的良好氛围，前海能源公司组织开展年度生产技能竞赛。竞赛涵盖理论知识考试和技能实操考核，项目涉及安全、电气、仪表、机械四大类。2018—2023年已连续6年举办生产技能竞赛，累计参与人数超过100人，覆盖大部分生产运维人员，实现了以赛促学、以赛促训、以赛促评、以赛促建的目标，有助于提高一线生产运维人员的业务理论水平和实操能力。见图9-2。

图 9-2　开展生产运行技能竞赛

（3）建设技能实验室

为规范和提升运行操作人员的操作和技能，前海能源公司筹建了技能实验室。技能实验室的建设围绕技能培训和文化展示这两个主题展开，以技能培训为主，文化展示为辅。技能实验室建设项目分为电子电路培训模块、电气设备培训模块、仪控设备培训模块、机械设备培训模块以及公司文化、技能荣誉展示模块等。技能培训根据设备特点就设备功能、组成、工作原理、操作、常见故障、检修过程以及技术前瞻性进行多方面培训学习；文化展示主要以公司技能文化建设、各系统展示以及工匠荣誉展示等为主，具体内容见图 9-3。

技能实验室选址在前海区域供冷中心站 5 号冷站，2022 年底完成首期建设，设置了理论培训，包括讲解电气、自控仪表、机械、安全等功能模块，购置了相应的设备和仪器。目前已具备区域供冷生产运行的业务培训、训练、竞赛条件，并顺利举办了多次年度生产技能竞赛。

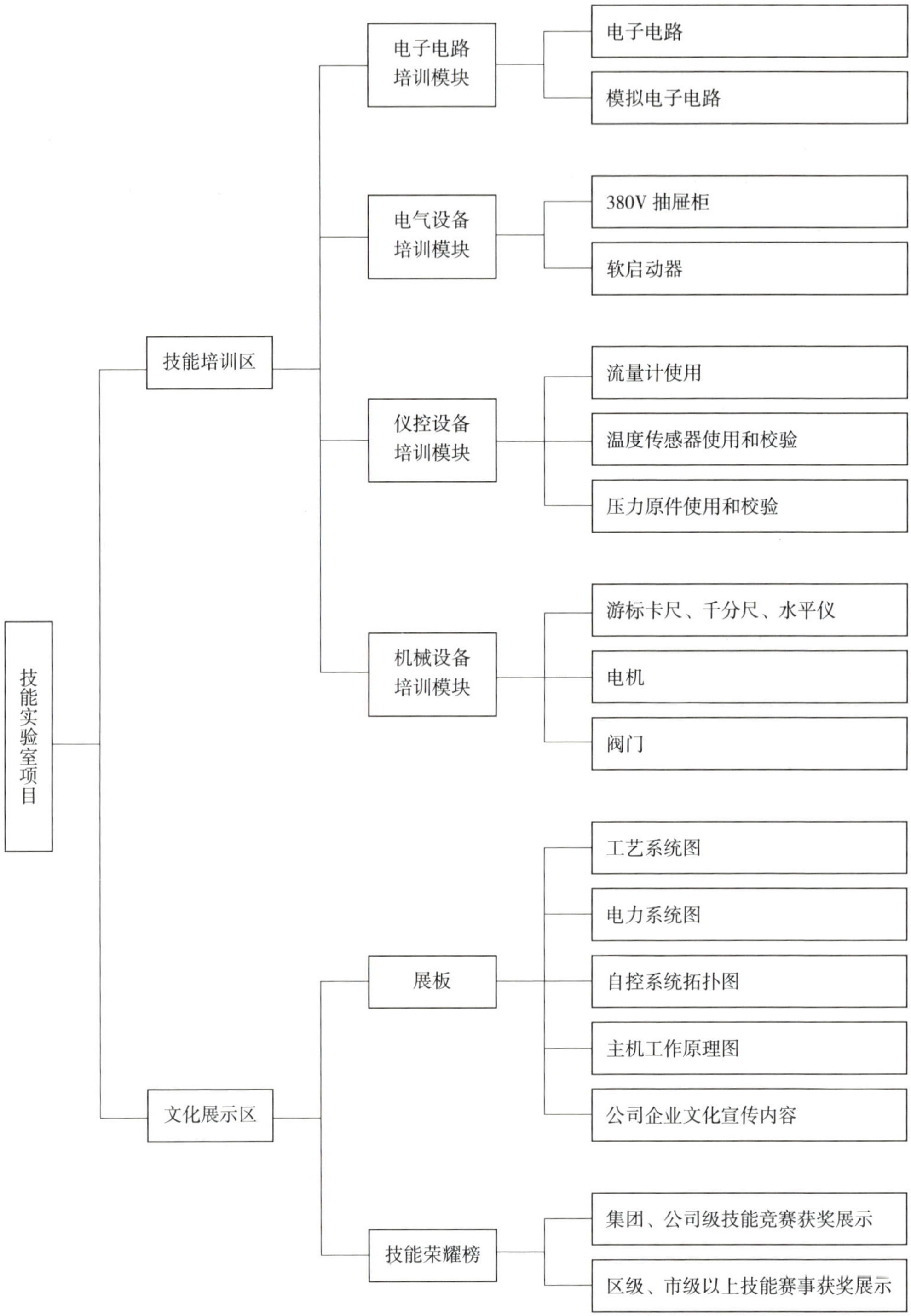

```
                                          ┌─ 电子电路培训模块 ─┬─ 电子电路
                                          │                    └─ 模拟电子电路
                                          │
                                          ├─ 电气设备培训模块 ─┬─ 380V 抽屉柜
                                          │                    └─ 软启动器
                                          │
                      ┌─ 技能培训区 ──────┤
                      │                   ├─ 仪控设备培训模块 ─┬─ 流量计使用
                      │                   │                    ├─ 温度传感器使用和校验
                      │                   │                    └─ 压力原件使用和校验
                      │                   │
                      │                   └─ 机械设备培训模块 ─┬─ 游标卡尺、千分尺、水平仪
技能实验室项目 ──────┤                                        ├─ 电机
                      │                                        └─ 阀门
                      │
                      │                   ┌─ 展板 ─────────┬─ 工艺系统图
                      │                   │                ├─ 电力系统图
                      └─ 文化展示区 ─────┤                ├─ 自控系统拓扑图
                                          │                ├─ 主机工作原理图
                                          │                └─ 公司企业文化宣传内容
                                          │
                                          └─ 技能荣耀榜 ───┬─ 集团、公司级技能竞赛获奖展示
                                                           └─ 区级、市级以上技能赛事获奖展示
```

图 9-3　技能实验室细分项目

（4）探索实践"师徒制"

为进一步传承企业文化，提高员工工作技能，增强员工的企业归属感，针对生产一线岗位员工制订了"师徒制"培训管理方案，规范技能操作人员"师傅带徒弟"的管理，使基层岗位的师傅能规范地开展教学工作，真正起到"传、帮、带"作用，帮助新员工快速熟悉工作环境、融入公司，更好、更快地达到岗位要求，实现员工职业生涯目标，加快企业人才培养步伐。2020—2023年，连续3年开展"师徒制"培训工作，签订师徒培训协议20份，培养徒弟20人。通过结束期的考评，新员工能够掌握生产运维所需技能，达到预期培训效果。见图9-4。

图9-4 "师徒制"协议签订仪式

（5）定期举行站长论坛

为了更好地实现前海区域供冷"安全、稳定、高效、经济、绿色"的目标，前海能源公司每季度举办一次"前海区域供冷内部交流——站长论坛"，论坛围绕冷站生产运营过程的实际问题进行探讨、交流，汇聚各冷站负责人的智慧和经验，扩展思路、寻求办法，实现所有冷站共同提升的目的。通过搭建"站长论坛"平台，分享项目运行经验，建立生产调度工作机制，加强了各冷站项目间的联通互动、经验共享。

（6）生产人才储备及培训机制

首先，明确用人目标，严把招聘关。根据区域供冷运营工作的模式和特点，梳理法规及监管要求，细化工作内容。工作涵盖制冷主机等工艺设备、配电柜等电气设备、仪器仪表等自控设备、消防设施设备、电梯和压力容器等特种设备的运行操作和维护检修。结合应急管理部门和市场监督管理部门的规定及要求，明确生产运维人员的工种和技能需求，如高/低压电工、制冷维修和操作工、机修钳工、焊工等，在人员招聘和储备时，通过不同岗位的任职资格条件加以约束，择优选聘。

其次，紧抓过程控制，完善培养机制。通过不同阶段的社会招聘和校园招聘，组建和壮大生产运营团队。为培养和提升团队的核心能力，结合日常业务，建立"培训—取证—上岗"制度，始终坚持生产运维人员100%持证上岗，根据需要每年开展相关人员的培训取证工作或复审工作，确保证件有效性。

（7）以实践做检验，巩固生产技能成果

2021年公司申报并成功获得《中国设备维修安装企业能力等级证书》（制冷空调A类Ⅱ级），为公司开展主营业务提质增效。在由前海管理局主办的"前海工匠培育与评选"活动中，前海能源公司结合实际工作特点，选派员工参加电工、焊工这两项比赛。2021年度，3位员工分别荣获焊工第一、电工第二和"优秀工匠种子"等荣誉。2022年度，7位员工分别获得焊工第一名、电工前三名，3位员工荣获"优秀工匠种子"奖。2023年度，公司员工蝉联焊工第一名并包揽电工前八名。

2023年，1位员工参加深圳市消防行业职业技能大赛——消防设施操作员（监控方向）竞赛，获得优胜奖（第4名），同时在深圳市第十三届职工技术创新运动会暨2023年深圳技能大赛——消防安全管理员职业技能大赛中，获得优胜奖（第23名）。1位员工参加"深圳市第十三届职工技术创新运动会暨2023年深圳技能大赛——焊工技能竞赛"，荣获全市第7名，并纳入"深圳工匠"培育计划。通过竞赛或评选活动，充分展现了前海区域集中供冷运营团队人员的技能水平。见图9-5。

图9-5 "前海工匠"培育与评选活动

9.2.1.2 人员培训管理的整体效果

（1）培训前

在对冷站生产运行人员进行培训之前，员工可能具备一定的相关理论知识，例如，制冷原理、设备结构等，但实际操作经验相对有限。通常情况下，他们对于冷站的具体运行机制和设备操作流程了解不深。缺乏与不同类型设备进行交互的实践经验,在实际操作中可能会出现不熟练甚至不正确的情况,另外对于选型、维护和故障处理等方面的了解也有待加强。个人的专业素养和团队协作能力也需要通过培训进行提升。

(2)培训过程

在接受培训的过程中,冷站生产运行人员会接受系统化的培训课程,涵盖诸如供冷站原理、设备操作、维护保养等方面的知识。通过系统的理论学习和实际操作训练,逐渐建立供冷站系统知识。在模拟操作和实际维护工作的过程中,提升了实践操作的技能,并逐渐培养了熟练的操作能力。在培训过程中,不仅是技术层面的培养,还有团队协作、安全意识和责任感等方面综合能力的提升。尽管在培训中需要克服一些困难和挑战,随着不断学习和练习,员工的知识会逐渐丰富,技能会得到相应提升。

(3)培训后

培训结束后,冷站生产运行人员的操作技能得到显著提升,能够熟练完成设备的日常运行和维护工作。此外,他们对于冷站的运行和管理也有了更深入的理解,能够独立分析问题并找到解决方案,责任心和工作态度也得到了加强,愿意承担更多的责任。不仅如此,团队成员之间的协作更加默契,形成了良好的团队合作机制。

总体来看,冷站生产运行人员在培训前后经历了将理论知识运用到实际操作的变化,在培养过程中逐步提升了专业技能和综合能力。培训结束后,技术素养、团队合作、责任意识和协作能力等均得到全面提升。

9.2.2 生产组织资源的调度管理

9.2.2.1 调度管理的具体内容

资源的调度包括人、物、事项。其中人的调度方面包括一些指令的下达、团队管理和现场工作执行与督促的整体管理、事件处理以及信息报送。物的调度方面包括工具、设备等群站共用物料、设施、检修资源、外部分包商资源等,当需求发生冲突时需要调度,进行干预。事项调度方面包括特殊事项,比如执行用户的需求、外部的需求。当需求与计划的生产组织模式有区别时，需要调度统筹判断。

生产调度指根据运营项目生产计划和资源的情况，合理组织协调，确保生产过程按照计划顺利进行。为规范运营项目生产调度工作，确保生产安全、高效、稳定运行，保障管理层次分明、指令畅通，公司结合实际情况制定了生产调度管理规定。

（1）组织及职责

生产管理部门：①负责运营项目生产调度管理工作；②负责建立并不断优化完善生产调度管理体系；③负责运营项目生产组织，保障生产安全、高效、稳定运行；④负责运营项目值班管理，保障生产运行有序进行；⑤负责运营项目应急情况的处理及协调。

工程管理部门：负责组织、配合、协调解决处理设备故障和缺陷问题。

安全管理部门：①负责参与和指导运营项目生产应急处置工作，跟踪应急处置的进度，为现场应急处置工作提供意见和建议；②负责应急情况下的信息接报，保障应急信息传递畅通。

（2）调度管理

生产调度工作以集中统一指挥为原则，与生产运行相关的操作指令均通过生产管理部门下达。具体包括：①组织运营项目结合客户需求及生产要素制订生产计划，并督促落实各项生产组织安排工作；②组织运营项目阶段性生产保障任务及临时生产保障任务；③监督、检查运营项目生产过程操作控制、供需平衡的合理性；④及时掌握各运营项目生产动态和完成情况，编制生产调度日报；⑤组织生产调度会议，协调解决生产中的问题；⑥负责组织开展供冷季前系统设备状况诊断检查，并协调推动问题处理。

对生产、供冷服务有较大影响的操作任务均以调度工作票方式下达。具体包括：①调度工作票适用于改变生产计划及存在资源冲突的生产工作事项；②调度工作由生产管理部门审批后向运营项目下达执行；③调度工作票以书面或信息管理系统方式向运营项目下达，运营项目在完成工作票指令后，应及时反馈处理/执行结果。

生产管理部门根据生产保障的要求，落实值班管理工作。例如，①运营项目根据生产需要采用 24 小时在岗值班制，以保证生产任务的连续性；②值班表由生产管理部门审批后向运营项目下达执行；③特殊时期及应急情况下的生产值班制度应根据具体情况做出调整，包括调整值班人员及时长等。

9.2.2.2 生产调度响应工作管理

针对人力、物力等资源冲突事件、突发事件、投诉事件等，生产管理部门按照相关制度开展生产调度响应工作。

（1）冷站一线班组"岗位＋创号"精益管理

2 号冷站运行团队于 2017 年 4 月起，24 小时倒班连续在岗，至今保持生产零安全事故。2 号冷站团队结合冷站生产运行与创号（创建青年文明号，图 9-6）的特点，实现管理精细化；人员技能提升、应急演练规范化；供冷服务延伸至末端越界服务常态化；定期走访供冷用户，检查空调用冷效果，协助客户解决问题，提出规范建议，宣贯节能意识专业化，为冷站一线班组管理

图 9-6　前海区域集中供冷 2 号冷站获得青年文明号称号

提供了模范案例。2号冷站借助创新而又独特的"岗位＋创号"双引擎模式初步取得了岗位效益及社会效益。

（2）运行与维护人员一体化

冷站及末端楼宇空调运维均是生产运行业务。基于冷站与末端楼宇空调运维的上下游关系及各自特点，原生产模式中的运行、检修分别成立班组独立开展工作（见图9-7）。经过近几年的实践探索，将运行、检修人员在供冷季进行有机融合，可解决检修人员在供冷季工作不饱和问题，同时弥补运行人员在供冷季人手不足的问题。

基于生产运营实际需求，对班组人员的安排进行持续优化，冷站与末端项目实行轮岗驻点、人员互补机制。人员互补机制要求班组所有成员熟悉冷站及末端项目运维工作，可独立完成冷站及末端各种突发事件、故障报修的处理。

图9-7　设备维保

9.3 集群化冷站运行能效分析与优化

9.3.1 运行能效目标

为了保证运营能效的稳步提升,公司在运行能效方面进行了系统管理,对运营指标进行了多层次跟踪。包括:

①在年初根据全年负荷预测、温度预测情况,设定全年目标能效。

②每周召开调度例会,对每周的生产数据进行回顾和分析,并指导下周的运行工作。

③每月召开生产运行分析会,公司领导和各部门负责人都参与。各冷站负责人汇报生产运行分析数据。会议协调和解决冷站生产运行中遇到的问题和困难。

④在年末对运营能效指标进行全年的评估,并与年初的预期值比较,分析偏离原因,提出改进优化措施。

9.3.2 运行能效执行

9.3.2.1 运行能效分析

空调负荷预测是蓄冷空调系统高效、经济运行的前提,也是运行策略优化的基础。负荷预测按照时间尺度,可以分为中长期负荷预测、短期负荷预测和超短期负荷预测。短期负荷预测是指导蓄冷空调系统节能优化运行的基础。短期负荷预测用于制定蓄冷系统在高峰和低谷的能源调度策略,合理安排冷水机组和蓄冷装置的能源出力,从而提高系统运行效率,降低能源成本。

(1)日运行

每日运行前,完成逐时的运行数据统计。根据近期负荷、天气、用户等情况预测当日的逐时负荷(负荷预测模型);根据逐时负荷与冷水机组群的能效曲线、蓄冷量确定主机的开启数量和释冷量;根据负荷和温度确定各系统的流量;根据流量确定水泵数量和频率。通过比较不同运行策略的生产运行成本,选择最经济的运行策略,见图9-8。每日逐时运行时,记录下每日运行操作数据，见图 9-9，并根据运行操作表和实际负荷情况调整运行状态。每日运行结束后分析总结当日的能效数据，并优化明日运行数据表，提升明日运行的能效。

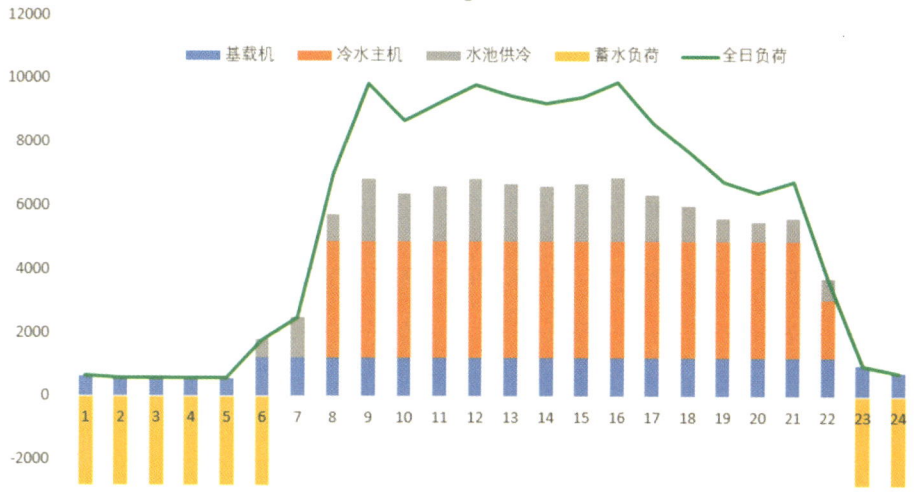

图 9-8 运行策略的选择（示例）

日期	开始时间	结束时间	室外温度 °C	室外湿球温度 °C	预测负荷 MWh	1#主机冷量 MWh	2#主机冷量 MWh	3#主机冷量 MWh	冷却水流量 m³/h	冷冻水流量 m³/h	冷却水泵数量	冷却水泵频率 HZ	冷冻水泵数量	冷冻水泵频率 HZ	冷却塔数量	冷却塔频率 HZ
	0:00	1:00	18.8	84.1	250											
	1:00	2:00	18.3	83.8	250											
	2:00	3:00	17.7	83.3	250											
	3:00	4:00	17.5	83.0	300											
	4:00	5:00	17.0	84.2	250											
	5:00	6:00	17.0	84.1	200											
	6:00	7:00	17.0	84.2	500											
	7:00	8:00	17.3	84.2	3000											
	8:00	9:00	17.7	82.3	5000											
	9:00	10:00	18.3	79.6	6000											
	10:00	11:00	23.7	80.1	6000											
	11:00	12:00	25.1	71.2	6000											
	12:00	13:00	26.7	65.8	6000											
	13:00	14:00	25.1	62.0	6000											
	14:00	15:00	24.5	62.6	8000											
	15:00	16:00	24.1	62.9	8000											
	16:00	17:00	23.6	66.3	6000											
	17:00	18:00	23.3	71	10000											
	18:00	19:00	22.9	74.6	8000											
	19:00	20:00	22.7	76.9	6000											
	20:00	21:00	22.6	78.8	5000											
	21:00	22:00	22.4	79.7	2000											
	22:00	23:00	16.3	80.2	350											
	23:00	0:00	15.8	79.3	300											

图 9-9 每日运行数据表（示例）

（2）周运行

每周召开一次生产运行会，分析讨论运行过程中的问题和能效提升的措施。

（3）月运行

每月召开一次生产运行分析会，分析讨论主要生产运行数据，以及需要协调的问题和采取的措施。

另外，冷站在年底提交年度生产运行报告。

9.3.2.2 自控系统

前海 5 号冷站集中监控和展示中心（图 9-10）可集中监控和远程操控前海所有冷站的设备，实现前海区域供冷系统的集中调度、控制和管理，进而大大提高系统管理效能，有利于系统的安全、高效运行。

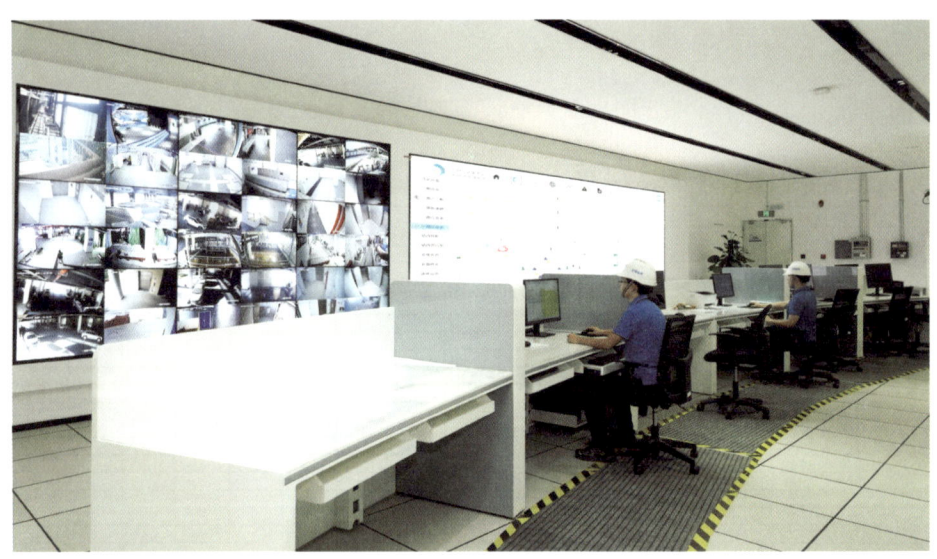

图 9-10 集中监控和展示中心

前海区域供冷的自控系统以供冷站内空调水系统自动化控制及管理为手段，将现代控制技术、系统集成技术、计算机技术、网络通信技术和变频调速技术集成应用于冷站的系统控制和能源管理，使得各种机电设备相互协调，运行在最佳状态，在满足用户需求的前提下，将整个系统能耗降到最低。采用自动控制系统，通过各类监测仪表实时监控系统中各项关键参数，提高系统的安全性、稳定性。自动对设备运行参数、系统运行状态进行统计分析，实现机房的无人值守，旨在提升空调设备的高效管理和能源的高效利用。

首先，可以实现分类能耗计量和统计，为制定不同类型建筑的能耗基线提供数据支撑。其次，可实现建筑能耗分项计量，正确把握能耗特点并及时发现问题。将整个集中控制系统接入中央调度管理系统，设置中央调度管理平台，集成管理各个冷站的运行参数，实现集中调度与管理的功能；配置大数据分析软件，汇总各个冷站、管网、用户计量间的数据，分析运行工况，提供能耗分析，发现运行故障与风险。

更重要的是，自控系统具备强有力的数据深度挖掘功能，通过多种数据的融合和多尺度的大数据挖掘，可进行系统运行状态评估与预测、需求侧分析与响应决策、智能运维管理、建筑节能潜力分析。同时具备自我纠错能力，自学习、自适应、自成长，为节能改造和节能运行提供支撑。使用具有自我学习能力的智能化自控系统，区域供冷系统可通过积累和分析历年的运行数据，预测用户的用冷需求，自动生成和优化运行策略，实现需求与生产、输送的精确匹配，提高系统的运行能效。

前海区域供冷的自控系统架构分为四个层次，即数据采集层、数据存储层、数据运用层以及数据展示层。

①数据采集层。数据采集层主要包括系统监测和控制两个部分。监测主要是通过监测控制器及智能仪表传感器（电表、流量计等），将设备运行数据通过系统网络传送到冷站集中监控和能源管理平台。控制主要是通过在现场安装节能执行设备（如执行器、智能控制器等），可以在总控中心远程自动控制设备，并将设备状态通过系统网络传送到冷站集中监控和能源管理平台。

②数据存储层。通过数据网管将现场数据传送到冷站集中监控和能源管理平台，利用数据库对数据进行初步处理后，再对数据进行分类分项存储。数据库要求至少能够存储10年的数据。

③数据运用层。运营管理者利用存储的历史数据进行数据处理分析，开发系统仿真、能源管理、负荷预测、设备诊断等功能，充分挖掘冷站潜力，

采取有效措施提升工艺系统运行效率；同时，从经济性、节能性、系统工艺状态、设备运行状态等多维度呈现数据给运营管理者，使管理者直观地了解、掌握各冷站的运营状态。

④数据展示层。数据展示层是对数据层相关数据进行挖掘后，扩展出多种应用功能。主要包括实时监控、布局规划展示、工艺展示、产能指标、能源指标、能效指标、质量指标、减排指标、成本分析、分段效益、管损指标、建筑负荷、环境排放、负荷预测及其他扩展功能。

9.3.3 运行策略优化

运行策略优化是指以提高能效、降低能源成本为目标，以负荷预测为基础，结合峰谷平电价情况，依据冷水机组、蓄冰装置的出力和效率，制定冷站各系统设备的逐时运行计划和运行参数。在管网联通运行时，运行策略还需考虑联通冷站的能力并进行管网的切换运行。为提升冷站运行能效，需对冷站系统、设备进行全面测试和诊断，发现制约能效的关键点，找到冷站系统、主要设备存在的问题，并提出改造建议。

①设备检测和改造：对冷水机组、水泵、冷却塔、蓄冰装置等设备的实际运行能效水平进行评价，并对水平较低的原因进行诊断分析，及时进行维保和改造。

②系统检测和改造：系统能耗数据测试主要目的是分析各系统能耗数据的平衡性，并依据系统的平衡数据找到各系统存在制约冷站能效的问题点，分析后进行优化和改造。

③低负荷阶段的运行方案：在实际运行过程中，需要重点关注低负荷阶段基本电力容量费和人员配置计划，根据系统实际耗电量计算不同基本容量费下的用电成本，合理安排运维人员。

9.4 安全生产与应急管理

9.4.1 安全生产

从 2017 年开始相关运营服务，前海能源公司从人员配置、制度完善、日常管理、监督检查等多方面着手，保障运营项目安全管理的合法、合规、合理和高效。

9.4.1.1 安全可靠的生产

供冷系统的安全可靠是为用户提供高质量服务的前提。安全可靠包括设备和技术水平、服务质量、管理质量以及安全意识等诸多方面。

（1）设备与技术水平

设备的质量直接关系到供冷系统的运行效率和稳定性。因此，在设备选型和采购过程中，应该严格按照规范要求，选择有质量保证的设备供应商，并对设备进行严格的验收和检测。另外，设备的安装和调试要确保施工技术过硬、操作规范，以保证设备安装质量。在运维阶段，设备设施的维护保养和故障处理需要有经验丰富的专业人员及时有效地处理各种问题，确保供冷系统的正常运行。

（2）服务、管理质量和安全意识

首先，需要建立健全客户服务体系，及时响应客户的需求，提供高效、优质的解决方案。对于客户投诉，应该积极主动地处理，并及时完善服务质量。其次，建立科学合理的管理制度和规范流程，设备操作、维护保养、应急处理等方面制定明确规定，确保管理的高效性和稳定性。最后，安全意识是核心，所有从业人员都应具备安全意识，做好安全预防措施，严格遵守操作规程，减少安全事故的发生。同时，建立健全安全培训机制，定期进行安全演练，提高员工的安全意识和应急处理能力。

9.4.1.2 环保与职业健康

环保与职业健康包括项目污染源排放管理、卫生品质、职业健康、节约用水等多个方面。污染源排放包含排污许可证（登记）和排水许可证，以及污染源排放监测和处理。

（1）排污许可证（登记）和排水许可证

运营项目污染源应合规排放，从源头处理。根据相关规定，投入运营的前海区域供冷站项目暂未纳入深圳市排污许可、排污登记管理，无需办理排污许可证或排污许可登记。在排水许可证方面，因前海区域供冷冷站附建在建筑地块，按照深圳市排水许可相关规定，排水许可证由冷站所在地块主体建筑运营单位统一办理。

（2）污染源排放监测和处理

前海区域供冷项目不属于排污单位，但鉴于项目所在地为深圳市城市新中心，建筑和人员密度高，且项目体量较一般民用建筑大，故参照排污单位开展半年度水质排污监测、季度噪声监测，且对冷却塔实施消声降噪工程，并在水质处理方面采用无磷药剂。针对项目生产期间产生的危险废弃物，各项目按照危险废弃物名录收集存放，定期委托专业单位转运处置。见图9-11。

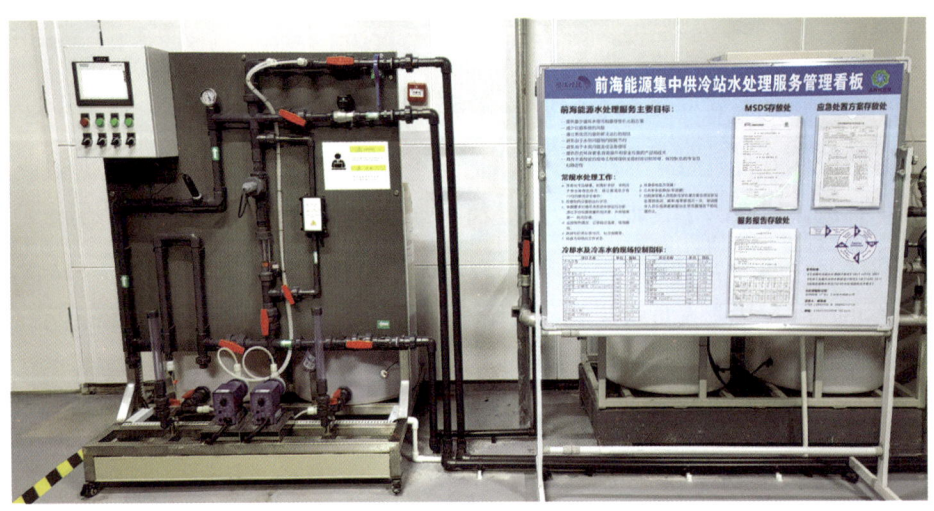

图9-11 污染源排放监测设备

（3）卫生品质

为加强楼宇空调运营服务能力，提高服务品质，预防和控制空调通风系统可能出现的健康危害因素，确保公司承接的楼宇空调通风系统卫生质量符合相关规定，参照公共场所每年开展卫生监测。

（4）职业健康

在冷站项目现场张贴职业性有害因素警示牌，提醒职工做好防护；提供充足的劳保防护和应急抢修物品，例如，AED设备和噪声防护耳塞（图9-12）；定期委托专业机构开展职业健康检测，并根据检测结果改善现场环境。

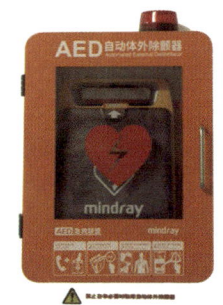

图9-12　AED设备

（5）节约用水

一方面在水质处理方面下功夫，在保证系统运行安全基础上提升浓缩倍数，降低排水量；另一方面严格落实用水计划，定期开展水平衡测试，保证用水全过程管理，并配合水务管理部门开展再生水利用方面的研究。

9.4.1.3　安全教育培训

前海能源公司制定了《安全教育培训制度》，具体如下：

①安全教育培训制度：各级管理人员、生产运营人员的安全培训。

②其他员工的安全培训：包括公司岗前安全培训和部门岗前安全培训。

③年度和平时安全教育培训：公司在年度生产淡季进行运营人员相关的岗位安全培训，培训内容参照入职时的公司和部门要求。教育培训方式丰富多样，比如授课、外出参观学习、张贴标语挂画、放映相关影视片等。

④安全教育培训的组织实施：主要负责人、安全生产管理人员、特种作业人员以外的员工安全培训工作，由公司组织实施。公司以自主培训为主，特种作业人员安全培训工作由公司委托具有相应资质的安全培训机构进行培

训。也可以委托具有相应资质的安全培训机构，对从业人员进行安全培训。

⑤监督管理：公司对安全培训及持证上岗的情况进行监督检查，主要包括运营人员安全培训计划的制定及实施的情况；特种作业人员操作资格证持证上岗的情况；建立安全培训档案的情况；其他需要检查的内容。

9.4.1.4 生产运营场所消防安全管理制度

前海能源公司制定了《生产运营场所消防安全管理制度》，确保生产运营过程的安全。①消防巡检：生产运营场所应建立逐级消防安全责任制和岗位消防安全责任制，确定各个层级的现场运营人员为对应岗位的消防安全管理人，站长为本站消防安全责任人。明确各自的岗位职责，落实消防巡检制度。②消防设施管理：各冷站站长应定期组织对安全疏散设施进行维护和检查，确保安全疏散设施性能良好，功能完备。③火灾隐患整改：因违反或不符合消防法规而导致的各类潜在的不安全因素，都应当认定为火灾隐患。对于在日常巡查和定期检查过程中发现的可当场整改的火灾隐患，巡查人员应当场立即整改，不能立即整改的，应做好安全隐患记录，并逐级上报至冷站站长。④消防宣教及培训：各冷站（含各独立运营小组）应根据不同工作场景、季节及节假日特点，结合各类火灾案例，组织开展经常性的消防安全宣传教育和培训工作（图 9-13）。

图 9-13　安全管理宣传

9.4.1.5 持续优化改进安全管理制度

根据法规要求，公司制定了相应的安全管理制度，以保障公司职业健康、安全、环保工作的"PDCA"良性运转。Plan：持续优化公司安全制度建设，保障公司安全管理工作合规、适用。Do：制定公司安全生产责任制，明确各级安全责任，落实具体工作要求，保障运营项目安全工作有序推进。Check：多层体系的检查，保障安全工作及时纠偏。包括公司月度、季度、节假日及其他专项检查，部门周检查，项目每日隐患排查，监督部门的监督检查，定期的职业危害因素检测、噪声及水质检测等。Act：总结分析，定期对公司阶段性安全管理进行评估，制定整改措施；针对存在问题（事故、事件、险情等）提出整改及预防措施。

9.4.2 应急管理

区域供冷要求为用户提供365天、24小时不间断的高质量供冷服务，同时供冷系统规模大、制冷设备功率高，在长时间运营下可能会造成供冷设备损坏、供冷服务中止、环境破坏等影响，需要采取应急处置措施来应对此类突发事件，保障供冷服务。

前海区域供冷作为市政基础设施，具备一定的公益性。应重视区域供冷的应急管理，完善应急预案和响应机制，并将其作为城市应急管理的一部分，减轻突发事件对公众生命财产安全的危害，保障区域供冷的安全性与公益性。

9.4.2.1 应急管理的内容

（1）应急管理能力指标

区域供冷应急管理能力应从预防、准备、响应和恢复四个方面考虑，见图9-14。①预防：为应对突发事件而采取的一系列预防措施，以保证安全供冷；②准备：提供应急教育和风险监测预警等相关信息，做好突发事件发生前的准备；③响应：启动应急工作计划和预案规定的响应，尽快降低供冷突发事件对社会的造成影响，减少人员伤亡和财产损失；④恢复：制订合理的

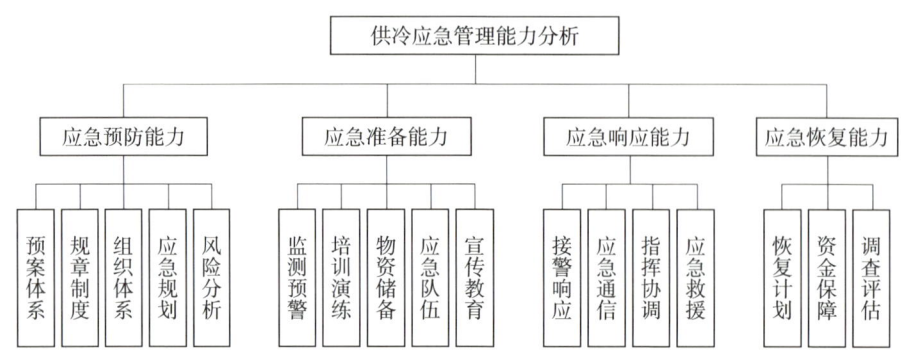

图 9-14 供冷应急管理能力分析

恢复计划，保证恢复所需资金，尽快重建受损设施。

（2）设施设备安全应急管理

针对设施设备安全应急管理，公司制定了《压力容器应急救援预案》《综合管理应急预案》《应急柴油发电机组使用工作指引》和《生产运营场所电梯应急救援预案》等预案和指引，尽最大能力保证人身安全和设备安全。

（3）供冷服务保障应急管理

供冷服务达不到要求或者无法达到用户需求的问题，主要涉及供冷管网的应急管理、突发事件的应急管理和自然灾害应急管理等方面。为此，前海能源公司制定了《市政供冷管网抢修应急预案》《生产运营场所应急处置管理规定》《突发事件综合应急预案》《自然灾害应急预案》等，明确应急组织机构与职责、应急响应等内容。

9.4.2.2 应急响应

应急响应是指为了应对各种意外事件的发生所做的准备以及在事件发生后所采取的措施。应急响应的准备主要包括应急人员准备、应急物资准备、应急处置方案的演练及总结。区域供冷系统发生突发事件，如火灾、水浸（含爆管）、断电、停水、爆炸、中毒、人员伤亡等事故灾难及其他生产安全事故时，处置机制和处理程序参照《生产运营场所应急处置管理规定》。

9.4.2.3 生产运营场所应急处置管理规定

前海能源公司制定了《生产运营场所应急处置管理规定》，主要包括以下内容：

（1）突发事件的分级

一级突发事件：生产运营场所发生严重火灾或爆炸；生产运营场所发生整体水浸；现场生产运行人员及其他相关人员死亡。

二级突发事件：生产运营场所发生部分水浸、主管道爆管；生产运营场所出现大面积停水、停电，无法继续开展生产运行；生产运营场所供冷故障导致 2 家及以上用户板换机房中断供冷；现场生产人员发生重伤或急性中毒昏迷。

三级突发事件：因设备故障等原因导致 1 家用户板换机房停止供冷，或导致公司负责的整栋建筑供冷全部中断；现场生产人员及其他相关人员受轻伤。

（2）应急组织运行机制及职责

为防止出现重大人身伤亡及财产损失，保障人身和财产安全，尽可能降低突发事件的影响，应建立与公安、医院、消防、市政供水、供电及相关抢险救援单位的应急联动机制。①发生一级突发事件，由公司应急管理中心领导小组负责突发事件的指挥与决策，事件处理小组在公司应急管理中心领导小组的指导下开展现场处置工作。②发生二级突发事件，事件处理小组负责突发事件的现场处置工作，事件处理小组组长由公司安质办主任或其他被授权人员担任。③发生三级突发事件，事件处理小组负责突发事件的现场处置工作，事件处理小组组长由生产管理部门负责人或其他被授权人员担任。

（3）应急组织机构分工

事件处理组组长：根据应急事件级别由公司安全委员会相关成员或其他被授权人员担任。主要职责：根据事件性质，决定是否启动应急处置预案；根据现场需要，协调公司内外部的应急资源；对事故应急处置进行决策部署。

生产管理人员：在事件处理组的统一指挥下，按照现场应急处置程序正确进行现场应急处置，尽量减少损失；组织现场运行人员抢救事故现场被困人员和重要物资；组织实施现场应急处置方案的演练；配合事故善后事宜和事故调查的有关工作。

项目管理人员：负责与事故项目保修期内的原设计、施工和供货等相关单位的沟通协调；提供必要的应急抢修服务和资源协调。

技术管理人员：负责事故处置实施过程中涉及的相关技术问题，为现场应急抢修提供技术支持，为现场处理小组的指挥决策提供科学合理的意见和建议；安全管理岗专业工程师应全过程参与和指导现场应急处置工作，跟踪应急处置的进度，评估现场应急处置的实施效果，为现场应急处置工作提供专业化的意见和建议；配合组织事故调查和善后处置工作，监督落实相关预防整改措施。

综合管理人员：协助生产服务部对转移至安全区域的伤员提供简单的现场急救处理，并视情况转送医疗机构；必要时联系专业医疗救护机构，协调救护车辆及急救人员、器材进入指定地点；负责保障应急救援过程中通信畅通，沟通良好；负责对外发布相关事故处理情况说明。

客服管理人员：及时向客户反馈现场应急处置进度情况，并做好相应的情况说明和沟通解释工作。

生产管理部门运营项目应急处置调度响应流程如下：

①项目突发情况出现，值班人员发现后，立即上报项目负责人；

②经项目负责人现场初步查看确认后上报工程师、调度员；

③调度根据现场情况确认、判断突发情况影响范围及影响程度，上报部门负责人；

④经部门负责人指示，调度协调各专业工程师对接参与突发情况专业环节处置，另外整体统筹安排人员、物资，并督促过程控制、节点把控、外部协调等；

⑤如突发情况影响客户用冷，调度工程师应第一时间通知客服发布停冷通知并做好协调、安抚工作；

⑥突发情况处置结束，客服通知客户供冷保障恢复，影响解除；

⑦项目负责人对突发情况进行事件分析；

⑧如涉及设备损坏等财产损失，保险业务工程师负责理赔申报等事宜；

⑨事项闭环向部门负责人汇报关闭。

其中，项目负责人指站长、副站长，或经公司任命的负责冷站、楼宇空调、光伏等项目管理的人员。对接工程师指运营项目前期生产管理部门安排对接相应运营项目的工程师。应急处置调度响应流程见图9-15。

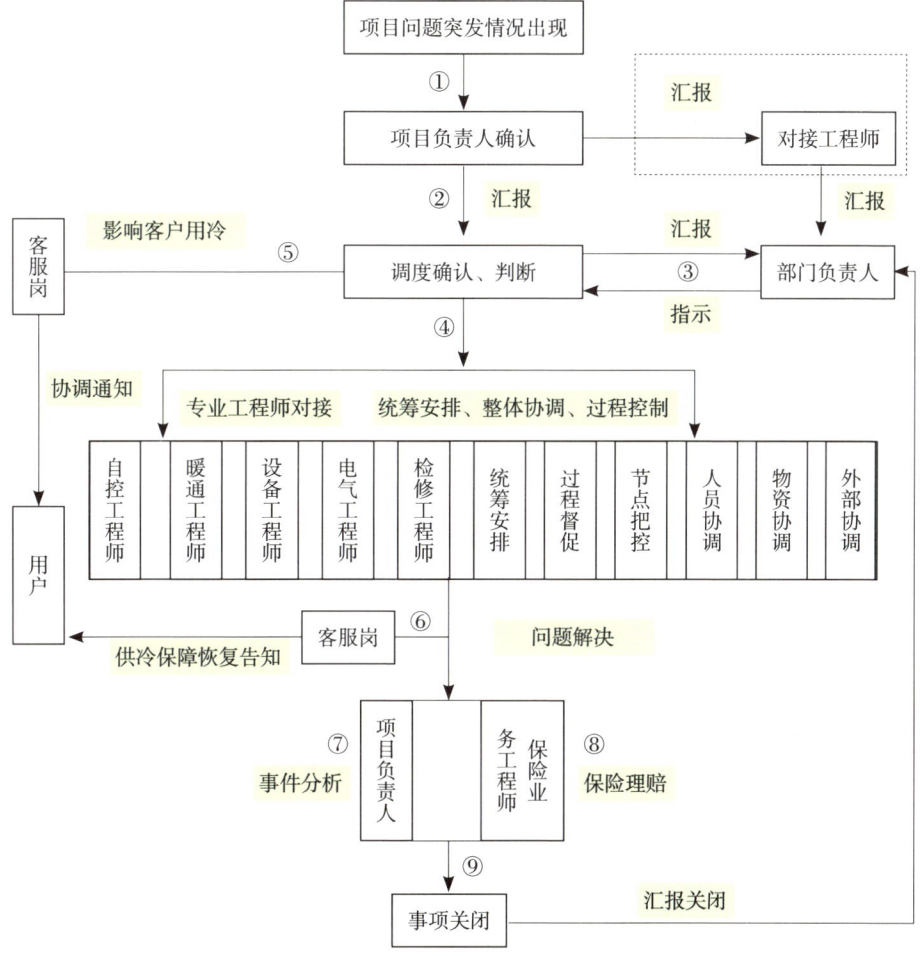

图 9-15　应急处置调度响应流程

9.4.3 生产运营场所消防安全应急预案

9.4.3.1 原则

消防安全应急预案应坚持"预防为主，防消结合"的原则，始终把保障人员的生命安全放在首位，认真做好事故预防工作，最大限度地减少火灾造成的人员伤亡和财产损失。按照"统一领导、分类管理、分级负责"的要求，建立"多方联动、协调有序、高效运转"的应急救援模式，持续优化和完善消防安全管理制度和应急预案体系。

9.4.3.2 运行机制和工作职责

前海能源公司应急管理中心负责消防安全应急救援的组织、指挥、协调等工作。应急管理中心设领导小组、对外发言人、现场指挥部（即日常工作组）。并明确了应急处置与救援、事故善后处置的流程和操作。其中，消防安全应急处置组织架构如图9-16。

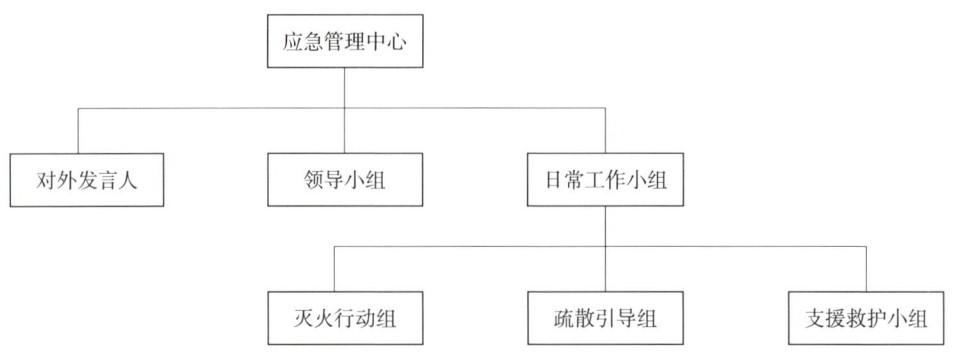

图 9-16　消防安全应急处置组织架构

9.5 设备管理与维护

9.5.1 设备运维管理

设备运维管理工作包含设备运行操作、保养、巡检、维修、更新改造、备品备件、设备档案等管理。

9.5.1.1 设备运行操作管理

设备运行操作人员持证上岗,在独立使用设备前,完成设备相关的原理、结构、性能、技术图纸、维护基础知识、安全操作规程、简单故障排除方法等理论和实际操作的培训。设备运行操作人员按规程操作设备,按要求填写设备运行记录,同时确保设备运行记录的连续性。

当设备运行操作人员发现设备缺陷等问题时,若不能自行处理,应按公司规定及时通知相关人员处理,同时需将问题信息及处理情况做好记录并上报。通常将这些信息记录于设备运行记录表、巡检记录表、交班记录表、工作日志,以及录入设备信息化系统等。

9.5.1.2 设备保养管理

根据设备保养项目和周期,运行管理人员编制年度设备保养计划,并安排和督促保养执行人员按计划完成设备保养工作,识别并确定需编制保养规程的设备,形成清单,按需编制设备保养规程。

保养设备前,必须落实安全防护措施,视需要安排专业人员监护。保养过程中动用其他设备的,保养完毕后及时恢复原本状态并进行检查确认。若保养是由外单位进行施工作业的,设备使用单位需落实安全管理,并根据需要安排交底和专人监护。设备保养后,视需要对保养结果进行验收,确保设备保养后的完好性。

9.5.1.3 设备巡检管理

生产管理部门制定设备巡检制度,明确巡检范围、频率、内容及记录要求。

设备巡检(图9-17)采取日常巡检和专业巡检相结合的方式。运行操作人员负责设备的日常巡检,维修人员或设备管理人员负责设备的专业巡检。专业巡检的范围更广、深度更深,频率相对更低。巡检中若发现设备存在缺陷等问题,应及时处理或反馈给有关单位或人员予以处置,且需按规定如实记录;因条件限制(如时间、备件或其他原因)暂时无法处理的,制定并落实临时监控和缓解措施,以确保设备安全运行。

图 9-17　设备巡检

9.5.1.4　设备维修管理

（1）预防性维修

根据设备管理的需要，结合日常使用、保养、润滑、紧固、调整、巡检、状态监测、检验检测、功能测试、周期性维修、周期性换件等信息，确定需要进行预防性维修的设备及制定相应的预防性维修大纲和计划。一般在设备运行移交后组织开展预防性维修保养工作。

根据计划及实际生产情况组织实施预防性维修。对于需要延期执行的工作进行风险评估。定期检查预防性维修计划的执行情况，作为优化和制定下一年度的预防性维修计划的参考。

（2）纠正性维修

设备发生故障，运行操作人员不能解决时，应立即填写"设备维修单"，通知设备维修人员或设备管理人员处理，并做好维修记录，具体参考《生产运营项目检修指引》。对于设备质保期内的故障，应优先按质保和售后服务规定协调相关责任单位处理。

根据维修需求的信息，安排维修人员或外委维修人员对设备问题进行诊断分析；根据设备故障程度，确定维修的方式和时机，必要时编制专项维修方案。

对于经常发生故障的部位，制定维修优化措施或针对同类设备的反馈性检查措施，尽量从根本上消除故障，避免故障重发。

（3）维修过程管理

维修前，应确定维修时间、安排维修人员、准备物资、落实安全措施（含办理相关作业票证）、准备所需的技术资料，重大或高风险作业需要制定专项工作方案及工作安全分析。

维修中，维修人员做好维修安全与现场管理、拆卸、清洗、诊断与检测、部件修复或更换、安装、试车、验收等工作；若是外委维修，需要指定人员进行过程监督检查。

维修后，做到"工完料尽场地清"，做好维修验收记录或统计等工作。将维修经验和方法进行总结，编制维修报告、编制或优化维修标准，分享经验方法，优化相关的计划等。

原则上，设备维修后需满足设备的初始设计或制造的相关技术标准。对于确实无法修复到出厂标准的设备，应先进行技术评估和批准，方可在保证生产工艺要求的前提下降低标准，维修后在相关检查技术文件中注明情况。

9.5.1.5 设备更新改造管理

生产管理部门根据设备的寿命周期和需求变化，制定合理的设备更新改造方案。

设备的更新改造方案，经公司审批通过后方可实施。对于不改变设备原设计功能、不涉及设备核心部件变更的、仅为便于运行操作或维修保养而进行的小型改造（如增加仪表隔离阀等），可经生产管理部门审核通过后实施。

公司的生产设备符合下列条件之一的，可进行改造或更新。

①维修无法恢复原设计的使用功能，不能满足工艺要求及质量要求，或严重影响运行安全的设备。

②设备供应商已退出市场或设备停产多年，无法获得备品备件，致使维修质量难以得到保证的设备。

③故障率较高或故障程度严重，维修费用很不经济的设备。

④原设计的功能、性能不能满足当前运行要求的设备。

⑤零件老化、技术性能落后、耗能高、效率低、经济效益差的设备。

⑥在安全、环境、职业健康方面存在重大风险，经过维修或技术改造后风险仍不能消除的设备。

⑦属于国家、行业、地方标准规定必须淘汰的设备。

设备的报废需按规定经公司审批后方可处置，属于固定资产的设备，仍须按固定资产管理相关规定执行。

9.5.1.6　备品备件管理

常用的备品备件需保有一定的库存，确定最高、最低储备量，做好备品备件定额储备管理。数量短缺时及时提出采购申请，补充库存。

针对多种同类备件，可考虑国产化、归一化替代管理。

备品备件由生产管理部门指定专人管理，并按规定办理入库、出库等手续。必要时，可对备件进行修复、再利用。

定期对备件使用情况进行检查回顾，包括配件供应商、备件质量、呆滞备件、备件消耗规律等，不断优化备件需求计划和备件管理水平。

9.5.1.7　设备档案管理

建立设备档案，包括设备的基本信息、出厂随机资料、维修记录、维护计划等。

定期检查、维护和更新设备档案，确保其完整和准确。设备档案需妥善保管、保存，防止丢失和泄露。

结合当前设备管理及信息化发展趋势，利用信息化系统或平台，对设备实施全生命周期的信息化、痕迹化、智能化管理，包括设备档案、运行监测、巡检管理、保养预警、故障与维修管理、统计分析等功能，提高设备运行维护的科学管理水平，保障设备管理体系的有效运行。

9.5.2　基于可靠性的设备维护策略

维修中常规的做法是对设备实行定时维修，这种做法来自早期对机械事故的认识：机件工作就有磨损，磨损则会引起故障，而故障影响安全，所以设备的安全性取决于其可靠性。而设备可靠性是随时间增长而下降的，必须经常检查并定时维修才能恢复。基于这种认识，人们普遍认为，预防性维修工作做得越多、维修周期越短、维修深度越大，设备就越可靠。

对于某些复杂设备来说，传统做法常常会遇到两个重大问题，一是频繁的预防维修消耗大量的人力、物力成本；二是有些设备不论其维修期缩到多短、维修深度增到多大，其故障率仍无法得到显著改善。

前海能源公司通过优化维修策略和资源配置，确保设备和系统的可靠性、稳定性和持续性，提升维修管理水平和业务绩效。

①可靠性评估：对设备和系统进行可靠性评估，包括可靠性指标的衡量和分析，确定关键设备和系统。

②预防性维修：重点关注设备和系统的预防性维修，以减少突发故障发生的可能性，延长设备的寿命，可以通过制定预防性维修大纲来加以规范。

③维修计划优化：根据设备和系统的可靠性评估结果，制订合理的维修计划，包括定期维护、检修和更换零部件等，并根据实施情况，对维修的周期、内容等进行优化调整，以保障设备和系统的正常运行，降低维修成本，提高生产效率。

④维修资源优化：分析评定各项工作的标准定额，合理配置维修资源，包括人力、物资和工具等，确保维修活动得以高效进行、工作质量得到有效保障。

此外，本着"做好设备、设施维护保养，提升设备可靠性"的初心，前海能源公司从冷站运行初期每年编制年度维保计划表，针对站内不同级别设备开展差异化月度、季度、半年度、年度维护保养作业。为保证各系统设备安全、高效运行，需要制定规范对制冷工艺设备、电气设备、自控系统设备开展日常维护保养工作，主要包括制冷主机日常维护保养，水泵日常维护保养，冷却塔日常维护保养，板式换热器日常维护保养，蓄冰盘管日常维护保养，低压配电系统设备日常维护保养，自控系统设备日常维护保养，循环水系统水质监测与处理，环保监测等。每年各冷站开展计划性维护保养作业总计100余批次，有效保障了工艺设备、设施的正常运行，并消除了潜在安全隐患，有效提高了设备运行的可靠性。

在机制层面，冷站建立班组故障、缺陷实时反馈机制，运行值班人员发现故障、缺陷及时反馈当班负责人，由当班负责人查看后根据故障、缺陷情况反馈至冷站负责人，负责人及时安排机动班或协调专业服务单位处置，消除故障或缺陷，有效保证设备的运行状况良好及可运行设备数量，以提高供冷系统的可靠性。

9.5.3　备件储备管理与维护检修

9.5.3.1　备件储备面临的困难

在设备种类多、同类设备品牌多的情况下，备件储备面临诸多困难。

①备件管理复杂：由于设备种类多、同类设备品牌多，导致需要管理的备件种类也繁多，管理难度大，这需要建立完善的备件管理系统和流程，确保备件的准确记录和管理。

②备件采购困难：不同种类、品牌的设备对应的备件可能来源于不同的供应商，采购渠道复杂，导致备件采购困难且耗时费力。

③备件存储成本高：由于备件种类繁多、储备量大，导致备件的存储成本高，需投入大量资金购买存储和维护设备。

④备件更新周期短：由于设备种类繁多、同类设备品牌多，备件更新周期缩短，需要及时更新和更换，增加了备件管理的难度。

⑤风险管理困难：备件质量有问题可能导致设备故障，进而影响生产效率和质量，风险管理难度加大。

⑥资源优化困难：在备件储备过程中，需要进行资源优化，合理配置备件和资金，确保备件的使用效率和成本控制。

9.5.3.2　备件储备定额管理

前海能源公司探索并实践备件储备定额管理方式，即为保证生产和设备维修。按照经济合理的原则，在收集各类有关资料并经过计算和实际统计的基础上所制定的备件储备数量、库存资金和储备时间等的标准限额，是一种科学管理备件库存的方法。

①定额制度：根据设备故障率、维修需求和备件供应周期等因素，确定各类备件的最佳储备定额。备件储备定额计算方面，经常储备哪些备件取决于备件的使用寿命，储备多少则取决于备件的消耗量和本企业的机修能力及供应周期。这些定额需综合考虑设备的重要性、可靠性和维修需求等因素。

②定额更新：定期对备件储备定额进行评估和更新，根据实际维修情况和备件使用情况，及时调整备件储备定额，确保备件库存适应实际需求。

③备件分类管理：根据备件重要性和使用频率等，对备件进行分类管理，确保关键备件和常用备件的储备量充足。

④供应链管理：与备件供应商建立合作关系，保障备件的及时供应和质量可靠，避免因备件缺货导致的生产中断。

⑤库存控制：通过定期盘点和监控库存管理系统，控制备件库存水平，避免过多的库存积压，同时确保备件储备足够以应对突发维修需求。

通过备件储备定额管理，可以合理规划备件库存，避免因备件短缺或积压而造成不必要的损失，同时降低库存成本，优化资金利用率，提高设备可用性和生产效率。

9.6 运维管理的创新实例

9.6.1 冷站的"6S"标准化管理

2号冷站从2017年运行初期便开始推行"6S"管理，在本着整理（seiri）、整顿（seition）、清扫（seiso）、清洁（seiketsu）、素养（shitsuke）、安全（security）的"6S"精细化管理内涵的同时建章立制，编制了《2号供冷站"6S"管理指引》。2020年，按照"6S"管理体系框架进行标准化管理，2号冷站内外整体形象持续提升，生产人员职业素养和运营管理水平不断提高，使生产和工作环境整洁有序、高效文明、舒适安全。同时对于"6S"管理在冷站的应用进行了标准化定制,并且将 PDCA 循环的经验标准化与"6S"管理工作融合,巩固了"6S"管理活动的成果,推进"6S"管理水平进行更深层次的循环,见图 9-18。

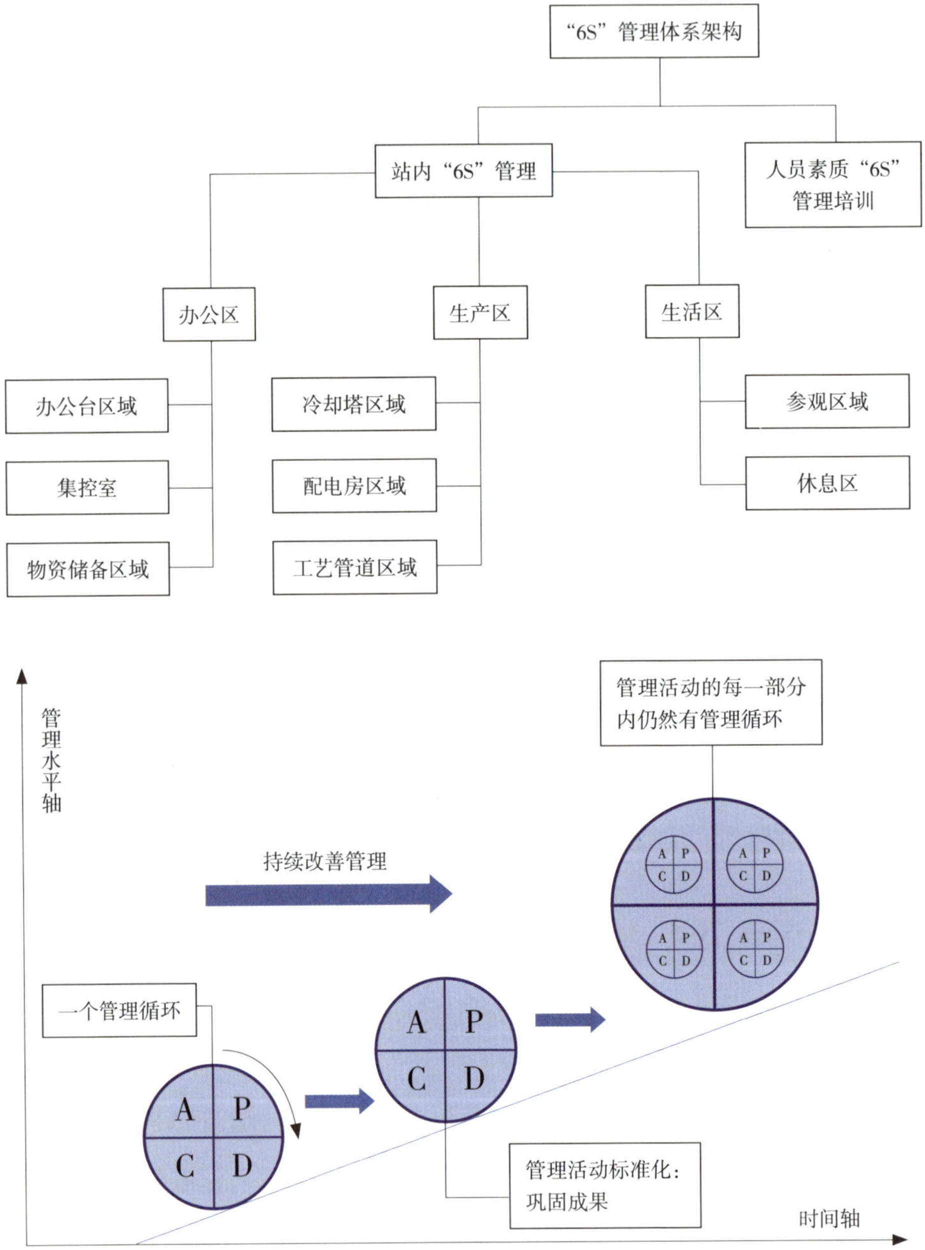

图 9-18 "6S"管理体系框架与 PDCA 循环

9.6.2 生产管理信息系统

9.6.2.1 冷站运营中的难点

随着投入运营冷站的增多、维保和检修工作的增加以及扩展业务的发展，目前前海区域供冷运营中的难点日益凸显。

①冷站间沟通成本提高，影响工作及时性。目前已投运冷站分别坐落在桂湾、前湾和妈湾三个片区，冷站间的距离增加了管理难度，沟通和工作处理的及时性有所降低。

②纸质化工作多，降低了工作效率。随着业务的发展，班组日常工作低效的问题突显，手写时间长、字迹不清、漏写、错写等问题逐步显现。

③闭环管理机制不完善。目前大多数工作的传达是通过会议、口头或企业微信来开展，落实需要查看手写笔记本和企业微信。但随着冷站的增加，工作量进一步加大，工作落实情况可能存在遗漏。同时，工作落实后，没有合理的系统和流程，难以进行工作的闭环管理。

④数据存储和资料使用不便，影响日常工作。随着冷站和末端运行的经验和数据积累，众多的资料存储到档案室，日常运营所需的资料查询不便，运营数据无法合理汇集，导致部分业务开展困难。

9.6.2.2 生产管理信息系统的目标

生产管理信息系统最主要的目标是更安全地保障现场人员作业、更高效地完成班组日常工作、更规范合理地开展现场运营工作，打造属于区域供冷行业的标杆性生产管理信息系统。既满足对生产"面"的全面管控，又实现对生产"点"的规范化、精细化管理，是一个与日常生产、维修作业和班组管理工作相关的集约化管控平台（图9-19）。

①加强公司数字化建设。为响应前海建投集团数字化发展规划要求，借鉴《前海建投集团数字化发展规划报告》相关内容并结合生产运维的需求，构建了生产管理信息系统，进一步推进公司数字化建设。

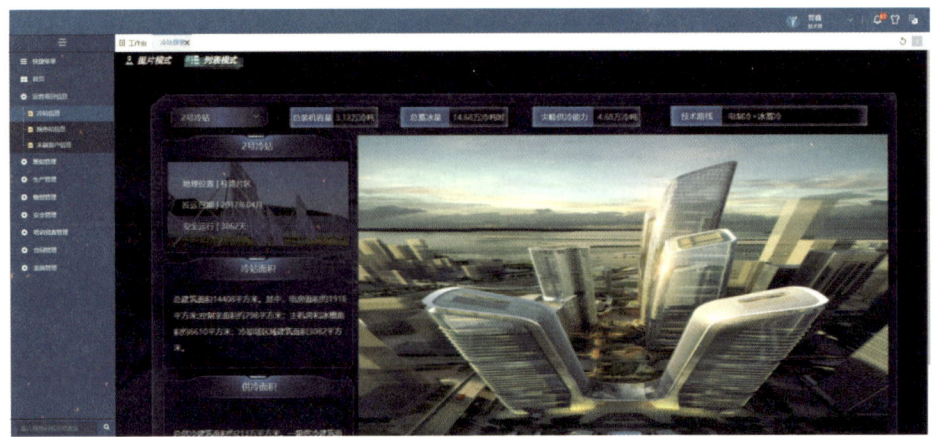

图 9-19　生产管理信息系统界面

②提高生产效率。生产管理信息系统的实施，使得日常生产运维检修作业、班组管理等工作效率得到提高，从而提升了部门的运行效率。

③生产事项闭环管理。生产管理信息系统通过合理的设置和审批流程，保证每个流程都有发起、有审核、有确认，生产事项责任到人。

④加强班组部门人员沟通。因工作地点不同，各冷站之间、冷站与办公室之间交流存在不便，通过此系统可随时相互查阅、交流，加强内部生产管理信息的沟通。

⑤便于查询，构建无纸化办公环境。系统将所有信息保存在数据库中，各部门可根据工作需要便捷地查询和追溯相关信息，且信息准确完整，有利于无纸化办公环境的建设。

⑥实时掌控，提高设备管理水平。通过建立完善的设备资产台账实现设备的全生命周期管理，实时掌控设备资产状态，保障设备安全有效运行；实现设备管理的 PDCA 循环，全面提升设备的运行管理水平。

9.6.2.3　生产管理信息系统项目实现方式

生产管理信息系统采用科学的模块化设计，借助于计算机、网络和通信技术，构建具有区域供冷行业生产管理特色的一体化平台，实现公司生产运维的信息化管理，保障前海区域供冷安全生产长效机制的有效运行。

①通过模块化设计将生产运营中的人、物、事进行专项管理,并通过它们之间的关系进行关联,保证系统全方位涵盖前海区域供冷运营项目。

②通过系统功能、审批设置保证每项工作都能合理化开展、闭环式管理结束。

③利用系统对每件事项进行合理化的拟定、分级和任务分配,以及推进督促工作事项,从而保障工作及时有序地开展和完成。

④将纸质化的信息数字化,通过合理的分类、汇总、处理和分析实现数据的价值。

⑤通过借鉴现有系统(OA系统、采购系统)的优势和操作界面,配置扁平化流程设置以及岗位权限制定,从而实现系统的合理化运作。

第 10 章

前海区域集中供冷技术经验迭代与管理模式探索

前海区域供冷系统具有规模大、建设周期长、冷站数量多、分批建设等特点。同一时间不同冷站所处的阶段不同，如有些冷站在规划或设计阶段，有些冷站正处于建设阶段，还有部分冷站已经进入运营阶段。从时间维度上，对于任意一个冷站，都可以借鉴或参考其他冷站不同阶段的经验，实现管理与技术经验的持续迭代。目前，前期冷站的管理与技术经验已有效迭代至后期冷站的投资、设计、建造、运营中，见图10-1。

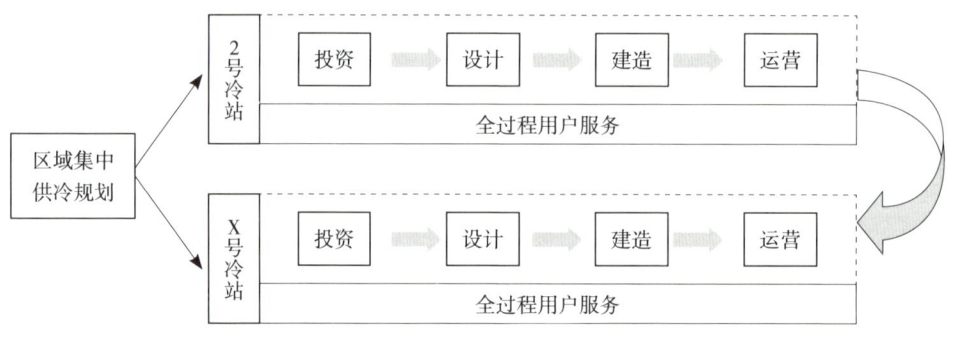

图10-1 区域供冷系统的迭代过程

10.1 区域集中供冷技术经验迭代

对整个区域供冷系统而言，形成全生命周期技术的闭环迭代，使得每个冷站的技术都是基于全生命周期内的经验教训而提升是十分必要的。通过区域供冷实践中技术经验的迭代发展，有效提升了供冷系统的设计、供冷系统设备的性能、供冷项目的园区级别以及系统的运行能效。

（1）供冷系统设计的提升

区域供冷系统设计最初为 1.0 版本。随着冷站技术的迭代升级，每个冷站都比前一个冷站有技术提升，形成新的版本，如冷站系统设计 2.0 版本、主要设备技术 2.0 版本、自控系统 2.0 版本和运行系统 2.0 版本等。相较于 2 号冷站一期、10 号冷站一期，3 号冷站是在分析和总结之前各个冷站的制冷工艺系统、设备运行能效、总体能效的基础上，主要采用电制冷＋冰蓄冷＋水蓄冷的工艺技术，形成区域供冷系统设计的 2.0 版本。

（2）供冷系统设备性能的提升

基于已投入使用冷站供冷系统设备的运营和性能的总结，应选择设备能效高、性能好的制冷主机。同样，对于冷却塔、水泵等设施也应重点考虑设备的能效，在设计阶段形成设备性能提升的新版本。如冷却塔群降噪技术管理方面，体现在 2 号冷站建设的降噪技术管理有效落实到前海区域供冷项目 10 号冷站、5 号冷站以及 4 号冷站的设计中。2 号冷站由于冷却塔大量聚集，产生了严重的噪声。前海能源公司通过分析冷却塔的基本情况，提出冷却塔末端治理技术方案，检验冷站噪声治理效果，推广冷站噪声治理示范效应，并运用落实到其他冷站的设计中。

（3）园区级别的提升

园区级别的区域供冷系统在前期规划阶段已经开始进行技术迭代，从技术层面上使不同规模、不同系统、不同阶段的供冷系统能效得到提升。相较于单体建筑空调系统或一次性全部建设的项目而言，园区级别的城市区域供冷具有很大的优势。只有通过不断反思、复盘形成技术迭代经验，才能提升系统能效。如海洋新城，属于前海扩区之后的地块，土地面积大约为 5 km^2，未来 5 个冷站的建设模式与前海三湾片区相似，其规划、设计、建设、运营是基于三湾片区 10 个冷站的优势和经验，实现园区级别的技术迭代。将来可能用到更先进的技术，例如在研高密度储能形式等，使得区域供冷系统更高效、更节能。

（4）系统能效的提升

前海能源公司将区域供冷系统能效作为设计方案的一个考核指标，在满足区域供冷系统使用的基础上,以提高能效、降低成本为设计目标,通过对不同冷站运行能效的总结,促进设计方案不断优化。在3号冷站设计中体现更为明显,系统能效超过4.0,相比于其他冷站的系统能效提升30%以上。

10.2 冷站建设承发包方式的迭代

承发包方式是指发包人与承包人之间的合同关系形式。常见的施工承发包方式有平行发包、施工总承包、工程总承包等。前海区域供冷项目的承发包方式也存在不停迭代的经验。

10.2.1 平行发包

① 2号冷站一期采用"平行发包+甲供设备为主"的模式,主要设备均采用甲供设备,再招标一家安装单位进行安装施工工作。在平行发包方式下,甲方能更好地把控设备的性能、质量和性价比,便于在质保期及运营期内与设备厂家协调;此方式下合同数量多,合同关系复杂,面临大量的设计、施工界面的协调工作压力,对甲方的专业技术能力和项目管理能力要求较高。

② 10号冷站采用"平行发包+甲供设备为辅"的模式,即少数的核心设备是甲供,承包方承担大部分设备的采购。在该模式下,相较于早期的2号冷站一期,整体的管理界面相对减少,承包商的责任更为单一,有助于减少供冷单位面临的繁琐的界面管理工作,进而可将重心关注到系统层面的综合管控。

10号冷站相较于2号冷站一期,虽然通过承发包方式的设计,供冷单位的管理效率和效果得以提升,但在平行发包方式下,仍面临突出问题,例如设计与施工通过不同的合同由不同的主体实施。这种分离对整体项目造成了较大的割裂,设计方难以充分考虑施工的可行性,施工方对设计意图认识不够深刻,易导致缺乏对项目的整体性思考,影响后期运营效果。

10.2.2 工程总承包+运行服务

2号冷站二期，探索了新的承包方式，即采用设计—施工——一年考核期模式，将设计、施工融合并在设计及施工阶段考虑后期运营的可行性与经济性。而设计施工总承包+一年运营考核的模式可以在设计阶段充分考虑施工和运营的需求，保障施工的可行性与运营的经济性。

10.2.2.1 基本信息

2号冷站二期机电工程包括但不限于冷站机电工程设计、出具设计成果文件、设备材料采购和供货、工程施工、一年期运行服务及伴随服务等。2号冷站二期实现甲方规划的制冷供冷能力并可正常运行所需完成的所有工程和工作。运营服务考核期限设置为一年，从完成竣工验收后开始计算。

10.2.2.2 背景分析

（1）设计、施工割裂难以保障建设成果

在平行发包方式下，冷站的设计与施工由不同的主体进行实施，这种分离易造成设计方难以充分考虑施工的可行性、施工方对设计意图认识不够深刻的影响。项目管理部的工作人员提到："2号冷站二期前，前海能源公司对于冷站建设采用设计、施工分离的模式进行，但是这导致一些冷站建成后实际规模未达到设计参数，故尝试采用设计+施工的模式来建设2号冷站二期。"

（2）设计、施工效果严重影响运营成本

传统空调制冷模式下，由于开发单位和使用方属于不同的主体，开发单位并不过多关注运营情况及效益，但对于区域供冷，供冷运营方的效益几乎全部来自实际运营。在实际区域供冷项目中，前期设计和建设阶段的效果，会在较大程度上影响后期的运营成本，因此有必要将设计、施工融合并考虑后期运营的可行性与经济性。前海能源公司的一位管理者提到，"投资运营商怎么把成本降下来，还要返利，让用户来分享，这是一个长期的追求过程。传统来讲它是割裂的，建设归建设、运营归运营，它不会考虑到后面的运营。

虽然设计阶段把设计做得很好，但是到了建造阶段，可能会事与愿违，最后交付给运营部门的与原始设计不符。导致这一现象的原因很复杂，可能是当初的设计很好，施工过程中发生了偏差，也可能说设计本身就计算得很精细，在实施过程中却无法做到"。

（3）具备成熟条件

采用设计施工总承包＋一年运营考核的模式，能够在设计阶段充分考虑施工和运营的双重需求，确保施工方案的可行性及后续运营的经济高效性。以2号冷站为例，其一期已完成建设并有效运行多年，供冷单位对供冷效果相关指标已经有了清晰的认识，故对于2号冷站二期建设有充足的条件开展"设计施工总承包＋一年运营考核期"的新模式。前海能源公司的一位管理者认为，"2号冷站经过一期较长时间的运营，公司对其负荷增长、效果等有了一定认识，也有条件进行新的尝试"。

10.2.2.3　工程任务范围

①设计。在项目原设计施工图基础上，以提升系统能效、降低运行成本为目标开展设计工作。包括项目全专业（工艺、电气、集中监控及能源管理、智能化、通风空调、给排水、土建）设计、BIM设计，2号冷站一期局部改造设计（包括但不限于部分空调设施增加和管线迁改，增设冷水机组冷媒泄漏传感器、部分区域装修工程等），提供满足施工要求的设计图纸、计算书、专项报告等成果文件，以及设计过程中的其他伴随性服务。

②安装工程。负责2号冷站二期工程施工，包括制冷工艺系统工程、电气工程、集中监控及能源管理系统、给排水工程、弱电智能化工程、通风空调工程、消防工程、冷却塔设备及降噪工程、建筑装饰工程等分项工程；负责2号冷站一期优化内容施工，包括但不限于部分空调设施增加和管线迁改，增设冷水机组冷媒泄漏传感器、部分区域装修工程等；负责本项目全部设备材料供货、安装、调试、验收、试运行、质保服务等工作；负责与本项目施工相关的成品保护和恢复既有设施工作；负责项目实施所需的临时用水、用电工程；以及为保障末端用户供冷需求而采取的过渡措施及其他伴随性服务。

③运行服务。负责项目竣工验收后一年内冷站的运行服务，由承包人提供运行方案和策略，指派技术人员驻场进行运行培训、操作指导，完成相关报表和运行分析，保障冷站安全稳定、经济高效运行；一年运行期内的单位供冷量电度电费成本将按照考核方案进行考核并开展考核费用结算，运行服务期满后1个月内完成运行移交，由发包人全权负责运行管理工作。

10.2.2.4　运行策略及能耗方案要求

①冷站（一期＋二期）负荷预测。根据运行服务考核期技术要求等文件，编制运行服务考核期内负荷预测的边界条件、预测方法、过程文件。提供运行服务考核期内冷站（一期＋二期）总冷量、逐月冷量等数据。

②运行策略。根据运行服务考核期分月负荷预测，按照技术要求中的运行原则和要求，合理安排冷站一期、二期运行方式，编制运行服务考核期内逐月最优化运行策略方案，考核期的12个月中每月选取一个典型的最高供冷日，以此为基础编制冷站一期、二期运行策略方案。运行策略方案包括但不限于一期、二期蓄冰安排，融冰运行安排，主机开关机安排，水泵、冷却塔、板换等配套设备启停安排等。根据逐月运行策略，编制运行服务考核期内二期总冷量及逐月冷量等数据，并提供计算过程。

③冷站二期电量、电费预测。根据运行服务考核期技术要求文件，需编制运行服务考核期内冷站二期电量、电费预测的边界条件、预测方法、过程文件。提供运行服务考核期内冷站二期总电量、电费，总峰平谷电量、电费；运行服务考核期内逐月电量、电费，对应的分月峰平谷电量、电费，其中7—9月份需提供尖峰时段对应的电量、电费。并由此计算考核期内冷站二期总单位冷量电度电费成本及分月单位冷量电度电费成本，单位冷量电度电费成本精确到小数点后四位。

④供冷管网的水力平衡优化方案。根据冷站工艺系统及管网结构，分析新增用户和用户用冷量变化情况，结合冷站一、二期运行情况总结供冷管网的水利平衡优化原理、方法、途径，并在后续运行服务考核期内开展方案优化、调节和测试工作。

10.2.2.5　运行服务考核要求

①冷站一期、二期生产运营组织的原则是在满足用户用冷需求基础上实现经济高效运行。

②冷站一期、二期运行策略的安排总体由承包人负责，发包人对承包人运行策略进行审核确认。承包人运行策略安排在保障用户需求的前提下可优先满足二期负荷需求，以实现二期运营期考核及一、二期成本最优化目标，承包人配合发包人做好冷站生产管理组织工作。

③承包人应负责冷站（包括一期、二期）所有的工艺设备、系统的运行方式安排，负责制定系统优化措施以及运行方案，协调生产组织，并充分考虑一期、二期设备的关联，实现一期、二期设备安全、高效、经济运行。

④承包人需严格按照发包人与用户签订的《供冷服务合同》提供合格的供冷温度，满足用户对供冷流量的需求。发包人与用户签订的《供冷服务合同》约定："供冷系统的设计温度为 3～12℃，供冷人可提供全年运行不高于 5℃的供水温度。"承包人负责二期供冷系统提供的冷水品质，需满足系统设计及合同条款要求，保障用户对供冷温度和流量的需求。

⑤因系统、设备异常导致供冷服务不能满足用户需求，造成用户用冷损失的，承包人需按照供冷合同条款要求赔偿用户经济损失。

⑥承包人负责冷站二期安装设备的故障维修及处理工作。发包人负责冷站二期投运的系统及设备启停操作、巡检等工作，承包人应协助发包人做好设备管理、技术支持、人员培训等工作。

⑦承包人负责冷站二期安装设备的首次维保工作，提供设备维护手册、维保内容、维保计划、工器具等，并对冷站运行、检修人员开展培训。如因承包人维保不及时导致的设备故障及供冷损失，由承包人负责。

⑧承包方负责冷站整个自控系统的设备故障维修、维保和日常检查工作，不单独划分一、二期自控设备。若故障类型为硬件故障且不在质保范围内，备件由发包方负责，承包方协助完成备件更换以及故障处理工作。

⑨承包人制定的运行方案交由发包人运行值班人员执行，承包人运行服务技术人员需在场指导运行操作，若承包人运行服务技术人员不提供或者延

迟提供运行策略或运行要求时，发包人运行值班人员将按照冷站运营管理要求自行安排运营策略，由此产生的一切后果由承包人承担，承包人也不能以此理由获得考核豁免或减免。

⑩承包人应定期（周、月度、季度、年度）对运营情况（包括但不限于机组运行情况、实际能效情况对比、后续运行分析及建议）进行总结，并编制运营总结报告。针对运营中出现的问题进行反馈，必要时可对系统进行改造、优化，相关改造费用由承包人负责。

⑪承包人编制的运营方案应包含负荷预测（周、月度、年度）、运营安排、开机方案、水力平衡措施及应急措施等内容，具体每日操作由承包人以操作单的形式提前下发到冷站运行值班组，相关文件和方案应报发包人审核确认。

10.2.2.6 考核方案

①承包人运行服务期考核的评价在运行服务期结束后的三个月内完成。

②考核机制如下：

当 $C_{实} \leq C_{修}$，承包人满足考核要求；

当 $C_{实} > C_{修}$，承包人补偿二期单位冷量电度电费成本未达标部分，则 $P_{补偿} = (C_{实} - C_{修}) \times Q_{2实}$（二期考核期内实际总冷量），补偿金额 $P_{补偿}$ 不超过合同总价的 10%。

其中，$C_{实}$ 为二期实际单位冷量电度电费成本；$C_{修}$ 为每月实际电费单价调整后的服务期内单位冷量电度电费成本。

③设置降本增效奖励。在考核期内，将考核指标与运行服务实际指标进行比较，针对考核期内运行达标产生的效益设置不同比例的奖励。

10.3 深港深度合作背景下的经营业务拓展

《前海深港现代服务业合作区总体发展规划》（2.0 版）提出，要进一步推进深港服务体系一体化，将前海打造成为"深港深度融合发展引领区"。在深港深度合作的时代背景下，得益于多年实践经验的积累，前海能源公司与香港建筑商合作建设运营香港启德发展区新增区域供冷项目（以下简称"香港启德项目"）。

10.3.1 业务拓展背景

香港启德发展区新增区域供冷项目（图 10-2）是中国香港特区政府为优化城市基础设施、提升香港国际竞争力的重点工程，包括 1 个冷站、相应海水及供冷管网、用户板换间机电等的设计、建造，以及运营服务。冷站建筑面积约 1.3 万 m^2，供冷装机规模为 4.37 万 RT，服务面积约 81 万 m^2，供冷客户主要为启德体育园（2025 年全运会赛事场馆）、新急诊医院、动物管理及福利综合楼、酒店等。

2019 年 8 月，前海能源公司与保华建筑组建"保华—前海联营"（以下简称"联营体"）参与启德项目投标。保华建筑具有较全面的工程承建资质，是香港当地头部承建商之一。联营体与法国威立雅公司和新加坡能源公司共同

图 10-2　香港启德发展区新增区域供冷项目

竞争，其中法国威立雅公司负责启德区域供冷南厂、北厂的建设运营。经过充分准备和努力，2020年11月联营体以技术指标第一、商务报价最具竞争力的优势中标启德项目。

项目中标价约32亿港元，合约期68个月，前海能源公司负责运营服务和参与项目设计审核。与法国威立雅、新加坡能源等世界500强公司同台竞争，前海能源公司在国际竞争舞台上崭露头角。此次合作是助力企业持续健康发展的突破性探索，是践行粤港澳大湾区融合发展的关键一步。

2024年4月，前海能源公司参与组建的联合体成功竞得香港"北部都会区"发展计划重要组成部分——古洞北新发展区第一期区域供冷系统的设计、建造及营运合约。古洞北项目位于香港新界粉岭公路北面的古洞北新发展区，是香港特区政府"北部都会区"发展计划的重要组成部分及香港特区政府为优化城市基础设施、提升香港国际竞争力而立项建设的重点工程。前海能源公司参与组建的联合体中标项目供冷规模达1.81万RT，服务面积约40万m^2，服务内容包括区域供冷系统设计和建造及10年期运营。

10.3.2 项目执行

10.3.2.1 "非香港公司"管理

根据香港的相关公司条例规定，前海能源公司在香港注册成立非香港公司深圳市前海能源科技发展有限公司，研究分析香港公司治理方面的规定，按期完成年度报告提交香港政府部门、年度公司注册费用缴交、年度纳税申报、聘请会计师事务所执行年度审计等工作，确保"非香港公司"合法合规地在香港开展经营活动。

10.3.2.2 境外团队组建

香港启德项目作为前海能源公司首个境外项目，生产运营准备面临的挑战极大。近年香港人才市场技术人员紧缺、市场招聘竞争大，且两地因思维、职场文化等方面的差异，团队组建难度大。

前海能源公司建立了外派人员管理制度、境外资金管理制度等一系列境外项目管理制度，并连通境内境外办公系统，建立配套流程体系，有力地保障香港启德发展区新增区域供冷项目的顺利开展。

依据项目不同阶段，采用不同的项目组织架构，明确项目经理和商务经理由前海能源公司外派常驻香港、其余人员就地招聘的团队组建原则，充分调动人员的积极性。同时，规范香港属地化员工薪酬管理，稳定项目团队成员；基于统计数据及市场薪酬情况，编制薪酬管理标准，指导人员招聘及成本管控。通过香港劳工处、Jobsdb 香港招聘网推荐人选，以及给予奖励的机制等方式多渠道招聘不同层级的项目人员。

根据项目进展，动态调整人员到岗时间，同时倡议项目人员一岗多能、横向兼顾，提升人员综合素质（技能）。加强项目团队深港人员交流，分批不定期组织香港属地化员工走进前海能源公司参观培训；组织项目团队人员开展香港法例、安全管理、应急处理、运维管理及公司规章制度等学习培训。

2021 年，根据项目进度做好移交接收和运营准备工作。重点建立项目组织机构，明确岗位职责，搭建客户服务管理体系、财务管理体系、计划管理体系和运营管理体系等，做好项目运营的前期准备工作。

2022 年是香港启德项目工程建设和生产运营准备的关键时期。公司克服新冠疫情造成的困难，集中资源做好生产运营准备工作。与香港合作方探索深港企业合营模式下的香港属地化人员招聘机制，适应性调整项目经理人选，多渠道推进香港属地化员工招聘工作，搭建运营管理团队。建立完善与香港合作方技术、商务沟通机制，对电解海水制氯、工程延误等内容进行深入探讨。首次编制适用于境外冷站的运营计划，完成主要设备冷水机组的设计审核工作，参与设备出厂测试及部分工程验收移交工作。

10.3.2.3　运营保障

为保障项目运营初期平稳运作，前海能源公司在以下几方面开展了工作。一是加强项目团队组建，利用多种途径招聘项目人员；二是参与项目调试及见证测试，确定问题整改清单，做好项目的移交接收；三是理顺项目部内部、项目部与公司本部、项目部与合作伙伴、业主/代业主间的工作界面及工作机制；四是建立客服体系，梳理客户投诉及需求处理的工作流程和工作机制；五是加强成本控制，确保各项专业服务采购均在预算范围内。

香港启德项目自 2023 年 6 月开始临时供冷，已建立 24 小时运行值班、应急处理及运行数据报送机制，并发布运维管理制度 12 项，安全、质量、环保计划书等 6 项，这为项目运营提供了坚实的保障。此外，香港启德项目部在香港开展的"海岸清洁"公益活动，被发布于香港环境保护署海洋清洁官方网站，这有助于推动深港合作，构筑更加坚实紧密的公共关系。

10.4 需求侧响应：虚拟电厂

10.4.1 前海区域集中供冷参与虚拟电厂的现状

前海能源公司以 2 号冷站为试点，2021 年 12 月成为全市最早一批参与深圳市虚拟电厂负荷响应的聚合商。已投运的 2 号冷站一期总装机制冷容量为 1.32 万 RT，蓄冰量为 7.2 万 RTH，供冷能力为 2.12 万 RT，配置有 5 台 2400RT 双工况离心式冷水机组、1 台 1200RT 基载离心式冷水机组。2 号冷站的生产工艺主要以电制冷和冰蓄冷技术为主，夜间制冷蓄冰，白天融冰供冷，高峰时段采用电制冷加融冰联合供冷，具有最大削峰能力 2.2MW，最大填谷能力 10MW。

10.4.2 前海区域集中供冷参与虚拟电厂的意义

①提高电网安全保障水平。双碳背景下，风光装机与发电量逐年攀升，出力曲线进一步拉大峰谷差，新能源间歇性、波动性、随机性的特点容易造成电力不平衡。虚拟电厂在一定程度上为电网调节提供了空间，能保障新型电力系统"源网荷储"的互动运行，减小电网峰谷差，提升电网安全保障水平。

②充分发挥供冷站存量蓄能能力，节约电厂和电网等社会公共设施投资。

目前深圳虚拟电厂已接入区域供冷、分布式储能、数据中心、充电站、地铁等多种类型负荷聚合商，接入容量达 87 万 kW，已接近一座大型煤电厂的装机容量。预计到 2025 年，深圳将建成具备 100 万 kW 级可调节能力的虚拟电厂，其中前海能源公司将是重要的参与者之一。

③获取收益，降低用能成本。前海能源公司在 2023 年全年共参与深圳虚拟电厂 17 次精准响应和跨省备用，获得部分补贴收益。随着更多供冷站的接入，可调节负荷的增加，将获取更多补贴收益。

④为参与电力市场交易积累经验。电力成本是公司最大的成本之一，借助虚拟电厂应用场景更好了解深圳乃至广东的电力市场规律，为后续继续参与电力市场交易做好准备。

10.4.3　前海区域集中供冷虚拟电厂内部管理

①响应评估。在接到实时响应邀约信息后（微信、短信、管理平台通知等），生产管理部门负责工程师组织调度工程师、暖通工程师、客服工程师及相关人员，综合供冷负荷需求和运行方式安排，评估确认响应冷站、响应时段、响应负荷等内容。待评估可行后，填写"前海能源公司参与深圳市虚拟电厂精准响应报量报价审批表"各项信息，经部门工程师会签后，交由部门领导审核，并最终由公司分管领导审批确定。

②响应出清。负责工程师跟踪需求响应的出清情况，将中标量、中标价格等结果记录后，交由调度工程师发送到对应冷站班组执行；若未中标，则将相关信息告知调度工程师，由其通知冷站班组取消响应执行工作。

③响应执行。冷站班组根据调度工程师发送的响应时间、响应量、基线负荷等数据，在不影响用户用冷的前提下开展响应工作。如出现异常情况，需及时记录并汇报调度工程师。执行完成后，冷站班组将响应执行的实际情况发送给负责工程师汇总。

④响应结算。生产管理部门电气工程师按照管理中心结算周期核实响应收益情况，并将相关结算费用信息通知综合财务部门。

10.4.4　前海区域集中供冷虚拟电厂后续建设情况

在 2 号冷站参与虚拟电厂的基础上，将已正常运营且具备蓄冷能力的 4 号、5 号、10 号冷站接入虚拟电厂系统，使其具备虚拟电厂精准响应功能，这样 4 个冷站均能正常参与虚拟电厂响应。后期随着 2 号冷站二期、5 号冷站二期以及 3 号冷站正式投运，能够进一步扩大前海能源公司参与深圳虚拟电厂响应交易规模。前海能源公司全部冷站参与虚拟电厂后预计最大削峰能力为 40～50 MW。届时前海区域供冷将成为深圳虚拟电厂响应能力最大的负荷聚合商之一。

附 录

前海能源公司发展大事记

一、前海能源公司发展的三个阶段

从 2013 年开始,前海能源公司经历了三个阶段的发展。

(一)第一阶段:筹备组建期(2013—2014 年)

在前海控股公司事业部的基础上,前海管理局出于多方考虑,决定组建独立的公司实现独立运行。自 2013 年底开始推动公司组建人员安排、公司核名、注册资本核算、公司章程制定等各项筹备工作。2014 年 12 月,前海能源公司正式注册,注册资本 1 亿元,正式确定以区域供冷为主、相关能源业务延伸的发展战略。

(二)第二阶段:初步运营期(2015—2017 年)

前海能源公司成立后,着力推动供冷规划落地,以及冷站的建设和运营,分别完成了 2 号、3 号、4 号、5 号、6 号、10 号冷站的工程可行性研究及 2 号、4 号、5 号、10 号冷站的投资可行性研究。其中,2 号冷站于 2016 年 3 月具备供冷条件。

这一阶段的主要里程碑事件如下:

2015 年 12 月 6 日,二单元冷站开工。

2016 年 3 月 29 日,首期供冷系统成功开机运行。

2016 年 12 月 3 日,公司入驻创新商务中心。

2017 年 4 月 10 日,正式为前海卓越一期提供供冷服务。

（三）第三阶段：深化发展期（2017年至今）

2017年，前海能源公司确定了以建设"节能环保和公共能源服务的专业公司，创新型区域可持续发展的能源综合服务供应商"的目标。经母公司前海控股公司的审批，公司治理结构采取不设董事会的执行董事制，加速推动公司独立运作，下设工程技术部、生产服务部、合作发展部、综合财务部。2019年，为优化公司组织架构，提升项目专业化、精细化管理水平，强化公司技术创新能力，将原工程技术部调整为技术研发部和项目管理部，进一步完善公司"规、建、运、服、维"一体化的价值链体系建设。2022年，基于客户数量日趋增多的现状，将客户服务职能由合作发展部调整至生产服务部，有效加强了公司外部沟通和内部协同，提升了客户服务的便捷性。

这一阶段的主要里程碑事件如下：

2017年9月20日，被授予"区域能源投资运营企业资信A级认证"。

2018年5月10日，首次发布《中长期战略规划》（2018—2035），明确公司的发展愿景及目标。

2020年3月14日，前海深港创新中心屋顶分布式光伏发电项目成功并网投入运营。

2020年5月11日，公司名称由"深圳市前海能源投资发展有限公司"更名为"深圳市前海能源科技发展有限公司"。

2020年5月，公司首届董事会成立；前海能源公司被推选为中国建筑节能协会名誉副会长单位。

2020年6月，二单元区域供冷项目被广东省建筑业协会授予"2020年度广东省建设工程优质奖"荣誉。

2020年11月30日，联合香港企业，与世界500强同行同台竞争，成功中标香港启德发展区新增区域供冷系统DBO（设计—建造—运营）项目。

2020年12月9日，编制深圳市首部《区域供冷技术规程》并申报深圳市地方标准，获深圳市住房和建设局立项审批。

2022年1月7日，二单元区域供冷项目荣获2021—2022年度第一批"中国安装工程优质奖（中国安装之星）"。

经过十年的发展，前海能源公司从最初的区域供冷工程项目发展成为具有四大业务板块，覆盖工程规划、建设管理、运营维护、技术研发、客户服务全产业链的综合能源服务企业。

二、公司四大业务板块

（1）区域供冷投资建设与运营。依托前海区域供冷工程，打造世界级规划规模和世界一流水平的区域供冷系统。目前已建成投运2号、4号、5号与10号4个供冷站，供冷接入面积达48万m^2，建成市政供冷管网超过20 km，实现区域供冷系统安全运营七年多。据有关行业研究表明，前海区域供冷装机容量已占全国的13.4%，蓄冷能力占比为24.1%。

（2）空调末端运营管理服务。空调末端运营管理服务涉及暖通、电气、自控等多种专业。目前运营团队体系完善，专业齐全；运营中实时优化运行策略，及时响应用户需求，确保空调系统高效、经济、安全运营。截至目前，前海能源公司与华润集团、卓越集团等53家企业签署供冷服务合同。

（3）全过程机电工程咨询顾问服务。为酒店、写字楼、商业等工程提供建筑机电工程方案设计、初步设计、施工图设计、招标、施工、竣工验收等阶段全过程机电工程咨询顾问服务，承担其机电工程前期策划、设计、施工、运行全过程沟通协调，从运营角度以项目全生命周期的视野优化空调系统等建筑机电方案，为客户节省投资，降低运维成本。前海能源公司全过程机电工程咨询顾问服务，可实现项目管理专业化、流程化，用专业技术和服务为用户创造价值。

（4）区域供冷的其他咨询服务。主要包括集中供冷系统规划布局及技术咨询、项目可行性研究咨询、集中供冷工程设计优化及建设全过程咨询、区域供冷系统主要设备采购咨询以及区域供冷收费模式策划咨询等。目前已为广州南沙明珠科学园、广州南沙明珠湾起步区、陕西泾河新城"院士谷"核心区等多个项目，提供集中供冷或综合能源服务规划。

三、品牌效益和社会影响

2017 年 3 月,前海能源公司被授予"中国建筑节能协会区域能源专业委员会"副主任单位,见图附 1-1。

2018 年 4 月,前海能源公司获邀参加联合国环境规划署哥本哈根能效中心"SE4ALL 能效加速器—城市区域能源系统"项目研讨会,分享前海低碳生态的建设理念和建设实践。

图附 1-1 前海能源公司被授予"中国建筑节能协会区域能源专业委员会"副主任单位

2018 年 11 月,前海集中供冷工程作为典型案例入选深圳城市规划与当代艺术馆"大潮起珠江——广东改革开放 40 周年展览",见图附 1-2。

2018 年 12 月,前海能源公司联合瑞典驻华大使馆、瑞典投资与贸易委员会在前海举办"中国·瑞典区域能源集中供冷技术交流会",见图附 1-3。

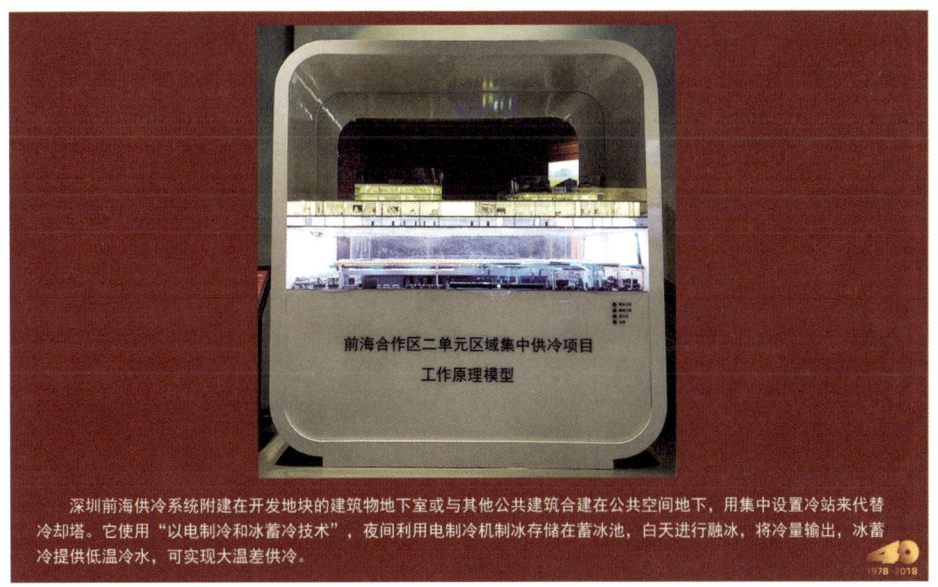

图附 1-2 前海区域供冷工程入选"大潮起珠江——广东改革开放 40 周年展览"

城市区域集中供冷的前海实践与探索

图附 1-3　前海能源公司举办"中国·瑞典区域能源集中供冷技术交流会"

图附 1-4　前海区域供冷项目荣获中国建筑节能
　　　　　协会"好建筑行动示范项目"称号

　　2019年7月，前海区域供冷10号冷站首次为前海妈湾片区客户供冷。同年11月，前海区域供冷项目荣获中国建筑节能协会"好建筑行动示范项目"称号，见图附1-4。

　　2019年12月，前海能源公司在万科前海国际会议中心成功举办第十届区域能源国际高峰论坛暨CDEA·2019年会，会议邀请联合国环境规划署（UNEP）、新加坡、瑞典、日本等国际组织和同行，国家发改委能源所等部委专家以及国内区域能源行业企业的专家等共30位嘉宾，围绕大会主题"区域能源助力大湾区绿色低碳发展"做演讲，来自200余家国内外组织、单位、企业340余人参加了会议，见图附1-5。

　　2020年12月，前海能源公司荣获区域能源投资运营企业资信等级评级AA级资质。

附 录

图附 1-5　第十届区域能源国际高峰论坛暨 CDEA·2019 年会

2021 年 2 月，时任广东省委书记李希考察深圳，第一站便到前海调研了作为深圳创新绿色发展模式代表之一的前海区域供冷项目。李希书记强调，要高效有序推进项目建设，充分发挥项目运营节能减排效益，提升绿色循环发展水平。

2021 年 3 月，前海区域供冷项目作为中国案例被联合国环境规划署推荐纳入了《印度区域供冷潜力报告》并推广。

2021 年 4 月，前海能源公司荣获"深圳市五一劳动奖状"称号，见图附 1-6。

2021 年 10 月，前海能源公司接待丹麦王国驻华公使衔参赞参观前海区域供冷站。

2023 年，前海集中供冷工程参加深圳市人民政府主办的"2023 碳达峰碳中和论坛暨深圳国际低碳城论坛"，见图附 1-7。

2023 年 7 月，香港特区政府机电工程署相关负责人带领 20 人团队专程赴

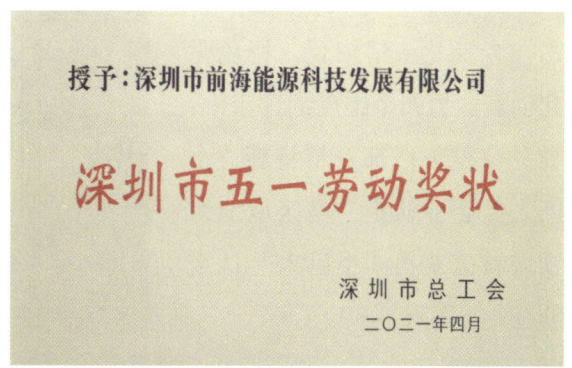

图附 1-6　前海能源公司荣获"深圳市五一劳动奖状"

图附 1-7　前海能源公司代表参加"2023 碳达峰碳中和论坛暨深圳国际低碳城论坛"

前海考察交流区域供冷技术和绿色能源发展，双方就共同关注的区域供冷的能效提升、AI 等新技术应用、供冷运行可靠性等话题进行了深入探讨，积极推动建立长效沟通交流机制。

2023 年 10 月，前海能源公司与深圳市勘察设计行业协会暖通专业委员会、中国建设科技集团《暖通空调》杂志社联合主办"2023 年粤港澳大湾区区域供冷及高效空调系统论坛"，以"低碳湾区、高效供冷"为主题，汇聚深圳市发改委、香港机电工程署等相关部门及海内外专家、学者和企业家，围绕国家"双碳"目标、湾区低碳未来以及供冷行业发展的重要议题展开交流和探讨，助力大湾区实现高质量发展。

2024 年 7 月，前海能源公司在专业化、精细化、特色化和创新能力四个维度的评审中，顺利获得工信部专精特新"小巨人"企业认定，是区域能源领域首家获得"小巨人"认定的企业（图附 1-8）。

图附 1-8　前海能源获得专精特新"小巨人"企业认定

后　记

一、书稿的开始

经过 13 个月的努力工作，这本关于前海区域供冷实践的著作终于付梓印刷，即将与读者们见面。这本著作立足前海实践，是一个由深圳市前海能源科技发展有限公司（以下简称"前海能源公司"）行业专家与南京大学工程管理学者相互碰撞形成的"跨界合作"产物。因此，它与同类著作不同，除了介绍前海区域供冷技术问题以外，还重点论述了前海区域供冷的"投—建—运"一体化管理经验。这本著作缘起于 2023 年 6 月南京大学工程管理学者前往前海能源公司的一次访问交流。在这次访问交流中，双方深切地感受到：在深圳前海这片创新热土上，已经创造了包括区域供冷在内的多项具有"世界一流"水平的工程实践，产生了开展一流工程管理理论研究的客观条件和时代机遇。于是，前海能源公司和南京大学团队顺利"牵手"，组建了一个由双方 10 余名专家组成、具有"技术＋管理"双重背景的书稿编写组，尝试对前海区域供冷十年实践的投资、建设和运营经验进行一次较为全面的研究和总结。

回首一年多的编写历程，其实施工作无疑紧凑而充实。编写组人员在系统搜集和分析海量文献档案资料的基础之上，还对前海管理局、联合国环境规划署、规划设计单位以及公司管理层和职能部门等相关专家人员进行了专访，组织召开了包括行业、企业、高校等多位专家共同参与的评审交流会。由于前海能源公司同事日常工作比较繁重，部分访谈和资料搜集工作都安排在晚上、周末或假期，还有安排在食堂的"晚餐研讨"。正是在双方高度投入的基础上，书稿的整体框架和诸多重要内容（如前海区域供冷的三个属性），才得以逐渐清晰并予以确定。在初稿形成后，双方还进行了多轮的沟通、修改和完善，最终形成了这份汇集了双方共同努力的书稿。此外，课题组中有几位来自北方的人员第一次到了沿海城市深圳，第一次看到了大海，也第二次参与了海边夜跑等经历，这些在紧凑的课题研究中的片刻松弛也融入到了双方合作的美好回忆和彼此情谊中。

二、基于前海区域供冷探索实践的总体认识

（1）城市区域供冷是一项社会技术系统工程，需要充分考虑系统的整体运行与边界条件

社会技术系统工程意味着城市区域供冷是技术与社会因素的综合，既要从技术维度考虑，也需要从社会环境因素考虑。从技术性方面来看，技术路线选择需要因地制宜，顶层设计与管理模式需要考虑地区的政策、市场等边界条件，而非简单、机械地"照搬"。

系统的整体运行意味着不能单独抽离地看某一点，需要运用系统思维进行综合分析。从社会性方面来看，前海区域供冷采用市场定价，市场定价并不是简单的通过供冷单位与用户协商确定价格，而需要进行系统性设计。在《前海深港现代服务业合作区区域集中供冷管理暂行办法（送审稿）》研究中提出，"区域供冷的价格按照市场化原则依法确定，应当符合科学合理、保本微利、公开透明的原则，同时兼顾供冷单位和用户等相关方的利益"。如何实现"科学合理、保本微利、公开透明"也需要系统性设计，例如，科学合理要求对价格进行科学测算，即数据真实、测算过程严谨、结论可靠。并且边界条件发生变化时，测算得出的价格也会随之变化。系统内部各要素像齿轮一般环环相扣，需要精心设计。

此外，城市区域供冷作为社会技术系统与外界环境交互紧密。随着供冷涉及的城市区域规模不断扩大，与外界交互程度也越来越高，需综合考虑的因素就更为复杂。对此，政府的积极支持与入驻率的保障就极为关键。政府的积极支持关系到顶层制度的设计及实施落地，而入驻率则关系到区域供冷

的经济可行性。

由于城市区域供冷的系统性，不同主体所关注的系统范围不同。例如，政府所关注的系统范围是地区社会经济发展，区域供冷是区域经济发展系统中的一个子系统。相较于政府的角色和责任，供冷单位是在顶层制度所规定的职责、权力范围内运行，进行城市区域供冷的投资、建设和运营。

（2）城市区域供冷的属性

随着课题研究的深入，我们越发意识到前海能源公司同事最开始坚持要研究城市区域供冷属性的重要性。某种意义上，属性就是城市区域供冷区别于其他供冷方式、其他市政基础设施的本质特征，是顶层制度设计的"根"。通过研究发现，前海区域供冷包括市政公用事业、城市区域属性、企业市场化运作三个关键属性维度。进一步研究发现，顶层制度设计与供冷企业运行和属性紧密关联。例如，市场化运作的供冷单位兼顾了公益性与盈利性。公益性意味着区域供冷承担了利于区域发展、利于节能减排等本属于政府需承担的责任，因此需要政府通过某些方面予以支持。盈利性是指面对区域供冷的初始投资大、投资回收期长等特征，在顶层制度设计中需考虑如何产生盈利，以利于可持续经营。

（3）"投—建—运"一体化

城市区域供冷项目不是单纯的冷站和管网的设计与建造，而应立足于"投—建—运"一体化。"投—建—运"一体化是以区域供冷的规划、投资、设计、建造、运营为对象，以总体目标为导向，是超越阶段、超越主体、超越职能的系统集成化管理。

项目层面需要有统一的总体目标，如前海能源公司提出的"安全、可靠、及时、经济、绿色"总体目标。该目标需要对投资、设计、建造、运营工作等产生约束，各部门工作也应以此为工作目标。项目后评估、部门考核等需要与总体目标相关联。

考虑到城市区域供冷的"投—建—运"一体化，需要一个主体（如项目总监）承担"投—建—运"一体化的责任并负责项目总体目标的实现。此外，"投—建—运"一体化需要跨部门紧密合作，避免"部门墙"。各部门内部工作也需要"投—建—运"一体化思维，如在设计中考虑建造、运营、维护的需求，并将一体化的需求落到具体工程文档中，如可行性研究报告、设计任务书、项目管理规划等。

"投—建—运"一体化需要可行性研究与项目后评估的闭环管理作为支撑。项目可行性研究是一项针对技术、经济、财务、风险的综合性分析和实施策划，是项目立项决策的依据。而项目后评估是项目实施后的全面复盘，是评估项目是否实现预期目标的依据，也是后续项目持续改进的重要参照。

"投—建—运"一体化也需要建立学习型组织，知识可分显性与隐性两大类。其中显性知识主要存在于各类工程文档，如可行性研究报告、设计任务书、设计文件、项目管理规划、用冷合同等。供冷单位需要建立合适的机制来激励各部门积极参与工程文档的持续改进中，如建立错题本等。另一类重要的显性知识是全生命周期项目数据，通过数据可有效支撑可行性研究、设计、招标、施工、运行、检修、维护等工作。数据的积累有助于实现智能决策，是智能控制的基础。隐性知识更多的是个人经验和判断，需要建立良好的交流氛围，促使大家乐意分享，并促使隐性知识显性化，进而实现经验的固化。

三、新发展阶段

前海区域供冷十年的发展只是城市区域供冷探索实践中的一个样本。与行业专家的访谈中，大家分享了全球及我国城市区域供冷的发展实践，提供了更全面的视角。例如，访谈者提到，区域供冷技术在全球范围内取得了显著进展，特别是在印度和埃及等国家的成功开发，标志着该技术正跨越国界，在全球范围内得到推广。一些国家已从"有条件则做"转变为"必须实施"，其中哥伦比亚尤为突出，成为最快推进区域供冷的国家之一，并将其视为提升居民生活舒适度的重要条件。这种转变不仅体现了各国对环境保护和能源效率的重视，也反映了区域供冷在改善民生、促进城市可持续发展方面的巨大潜力。从技术维度，到访谈者分享，从日本的热电冷联供和废热回收，到美国的电力压缩式制冷和智能化管理，再到北欧国家结合可再生能源的分布式能源系统，以及阿联酋利用地热能等先进制冷技术，各国均展示了区域供冷技术的多样性和创新性。这些系统不仅为城市建筑提供了稳定、高效的供冷服务，还促进了能源的可持续利用和环境保护。

在全球化视野下，中国的实践也具有典型特征。访谈者提到，中国在区域供冷领域的发展相对较快，不仅技术逐渐成熟，而且在实际应用中也取得了不少成功案例。这些成就使得中国在国际上具有一定领先地位，尤其是在区域供冷系统的规划、建设和运营方面，积累了丰富的实践经验和技术储备，可以基于前海能源公司等企业的实践经验和成功案例，提炼出一套可复制、可推广的区域供冷项目建设运营模式。

在新经济形势下，访谈者提出，我国建设阶段已经逐步从增量时代转为存量时代，新开发项目对区域供冷的需求热度降低，可考虑如何在城市更新、基础设施改造类项目引入区域供冷。此外，最近几年，随着光伏、储能等新能源领域的快速发展，吸引了大量资本关注，由于区域供冷站的建设和运营周期较长，投资者对于长期回报的信心不足，从而影响了区域供冷项目的推进。也有访谈者认为，近几年中国的城市开发和房地产市场确实出现了一定的放缓迹象，这可能对区域供冷项目的发展带来一定影响。然而，需要指出的是，其他国家和地区并没有出现类似的放缓情况，这为中国区域供冷企业的国际化发展提供了机遇。面临不断变化的外部环境与技术条件，在新发展阶段如何实现城市区域供冷的可持续发展需要每位从业者的持续探索。

本书由前海能源公司与南京大学团队组成的编写小组共同完成，叶宏伟、王飞、许锦虹、邹箸阳、肖惠嘉、罗曙光、朱春光、彭建、许健、王辉、高佳、旷金国、翟璺、刘超楠、朱立峰、李敬业、欧阳萱、谢嘉康参与到书籍的编写过程中。书籍初稿完成后，编写团队对全书进行了多轮统稿。本书在编写过程中得到了众多同行的大力支持。特别感谢在课题评审会中，中国建筑节能协会区域能源专委会赵建成教授、深圳特区建发海洋产业发展有限公司总经理苏瞒、香港华艺设计顾问（深圳）有限公司总工李雪松、广州珠江新城能源有限公司总经理滕林、深圳济建咨询有限公司总经理范道安等专家提出的宝贵意见。感谢前海管理局田常均主任、联合国环境规划署陈卓伦博士、南京东吉能源科技有限公司总经理马宏权等在访谈中提出的真知灼见，启发了编写团队。感谢华南理工大学出版社的周芹编辑在出版过程的大力支持和辛苦付出。

由于编者能力有限，本书对很多问题讨论得还比较浅，也难免存在不妥或疏漏之处，恳请各位同行批评指正。

本书编委会

2024 年 11 月